每一个女孩并非完美无缺，每一个幸福也并非浑然天成。

20JISUI
NVHAI BIXIUDE
24TANG ZHIHUIKE

20几岁女孩必修的24堂智慧课

倪梓涵◎编著
Nizihan Bianshu

{ 一针见血，刺中问题要害。
当头棒喝，惊醒梦中痴人。 }

中国华侨出版社

图书在版编目（CIP）数据

20 几岁女孩必修的 24 堂智慧课/倪梓涵编著. —北京：
中国华侨出版社，2012.4
ISBN 978-7-5113-2215-9

Ⅰ.①2… Ⅱ.①倪… Ⅲ.①女性—幸福—青年读物
Ⅳ.①B82-49

中国版本图书馆 CIP 数据核字（2012）第 033308 号

●20 几岁女孩必修的 24 堂智慧课

编　　者 / 倪梓涵
责任编辑 / 文　筝
责任校对 / 李向荣
装帧设计 / 天下书装
经　　销 / 新华书店
开　　本 / 710×1000 毫米 1/16　印张/17　字数/228 千字
印　　刷 / 北京联兴华印刷厂
版　　次 / 2012 年 5 月第 1 版　2012 年 5 月第 1 次印刷
书　　号 / ISBN 978-7-5113-2215-9
定　　价 / 32.00 元

中国华侨出版社　北京市朝阳区静安里 26 号通成达大厦 3 层
邮编：100028
法律顾问：陈鹰律师事务所
编辑部：（010）64443056　64443979
发行部：（010）64443051　传真：（010）64439708
网　　址：www.oveaschin.com
E-mail：oveaschin@sina.com

前言
PREFACE

　　20 几岁，如花一样的年龄，却不是不识愁滋味的年龄。很多女人都感慨，时间就是从 20 岁的时候开始向前一路飞奔的，真的是岁月如梭，一转身 30 岁的站台已经近在咫尺。

　　20 几岁，早已不是不谙世事的小女孩了，从大学校门跨入社会这个大舞台，从此开始真正为自己的幸福日子奔波忙碌。而现实的无奈和残酷，让很多年轻的女孩开始退却，开始嘲弄内心那个曾经浪漫无比的粉红色的梦，心也由此变得消极了。你要认清并接受现实，但并不背离自己心中纯洁的梦想。不是所有梦想都那么容易实现，何必早早就向现实投降？勇敢一点，倔犟一点，坚持一点，即便抵达不了你想到的终点，你的人生也将因此而精彩。

　　20 几岁，物质的诱惑，使越来越多的女人为此献身为"月光"，甚至是月底"负债"一族。如果你觉得银行卡上几年来一直在三位数和两位数之间徘徊是一种骄傲，那真是有点悲哀。尽管你把头偏向一边，不屑地说，大不了到时候嫁个有钱男人，一切不都解决了吗？可万一，你嫁不了有钱男人，难不成就这样过着今天不愁明天粮，连自己都觉得没底气的日子吗？在这个世界上，男人不一定靠得住，但关键时刻，能保证你幸福的绝对少不了口袋里的"银子"，这条真理，值得每个 20 几岁的女孩牢牢记在心头。因此，理财之课必不可少。

　　20 几岁，需要重新主动去认识人脉的力量。读书的时候，你可以只将宿舍里的姐妹作为自己的社交圈子，享受那种单纯的友谊。步入社会，除了学生时代的友谊来滋补你的内心，你还需要一些人脉，来为你拓展未来的道路。这些人脉，对你职业的发展起着至关重要的作用，也决定了你未来将拥有什么样的生活，这和你的幸福同样息息相关。

20几岁，不只是恋爱的季节，也是结婚的关口。谈一场高质量的恋爱，决定的也许是你当前的幸福；而选择一个正确的男人，拥有一个美好的婚姻，却关乎女人一辈子的幸福。恋爱，用爱来谈；而婚姻，则要用心来经营，且是一辈子。所以，当女人高喊着独立的口号，每天为实现自己的价值而努力的时候，也别忘记，经营婚姻更是女人一辈子的事业。因为，女人幸福的根在家里，不管她在事业上取得了多大的成绩。

总之，20几岁的女孩要知道，你未来的命运不是由父母决定的，也不是男人掌控的，而是完全取决于你自己的智慧。智慧让你变得更加美丽，智慧让你更加讨人喜欢，智慧让你更有魅力，智慧让你更受男人宠爱，智慧让你事业腾飞。

20几岁的女孩要记住，也许你出身不如别人好，但通过努力，往往可以改变70％的命运。也许父母没有赋予你花容月貌，但你可以借助后天的修炼，让自己更智慧，更睿智，更有内涵，从而更有吸引力，更受他人喜欢。当你越来越优秀，好运也会接踵而至。

目 录
CONTENTS

2

第6课 美就是找到自己 / 59

第7课 女人的魅力来自哪里 / 73

第8课 气质，每个女孩都想要的"抢手货" / 81

第 12 课　离开任何一个男人你都会活得很好 / 125

　　女孩们千万不要看轻了自己，不要以为委曲求全就能换来一个男人的爱情。离开那个不懂欣赏你的男人，这就是最华丽的转身，虽然心有不甘，但是你会发现自己会活得更好。

第 13 课　跟优秀有思想的人交朋友 / 139

　　20 几岁，要开始有目的性地去选择朋友，因为社会中的人脉非常重要，尤其是那些优秀的人，与他们交往，你自身也能受其影响而让自己迅速成长起来。

第23课　淡定从容，看庭前花开花落 / 237

　　从容是人生的一种修炼。用闲适的心去看路过的风景，去体味生活百态，你会发现原来生活也可以如此美丽，生命也能如此绚丽。

第24课　给幸福系个铃铛，经常摇一摇 / 245

　　在现实生活中，很多人毫无抵抗地随波逐流。事实上，在你满心疲惫的时候，不妨放慢脚步，去摇一摇曾经系挂的幸福铃铛，你会发现每天都是晴天。

第1课

谁说女子不如男

可能女性在身体素质上不如男人强壮，但在事业成就上并非一定输给男人。如果你想做个有魅力的女人，那么就要学会自己独立撑起一片天。

1. 有能力的女孩男人更欣赏

美国专栏女作家的畅销书曾经有过这样一句话："有一种女人，不管她嫁的是建筑工人还是国会议员，她都有能力让自己过得幸福。"

的确，尽管如今这个世界到处都在宣扬着"以貌取人"，可是在大部分男人的眼中，有能力的女人还是备具魅力的。因为这种女人，就像是一株腊梅，在万花尽谢的寒冬，偏能以最傲人的姿态独立枝头，用独立坚强的本色吸引人眼球。

曾经在一次媒体所做的"女士魅力，男士欣赏"的抽样调查中，有一位男士说过："即便将全中国最好的化妆品都送我，我也不做女人。因为她们大部分人，根本就没有能力去做男人能够做的事。"

看来，有能力的女人似乎更具魅力，更能获得男人欣赏。

陈曼大学毕业后，凭着自己高超的交际手腕以及灵活的头脑思维，很快便稳坐在了公司销售部的第一把交椅上。因为聪明能干，而且能力超强，所以平时她很得周围同事和领导的赏识和尊重。后来她就是凭着这种干脆利落的行事风格，在工作中认识了现在的老公张明。张明是陈曼的客户之一，而且还是一家出口贸易公司的老板。

两人在一起半年，便结了婚。婚后，陈曼的生活基本上没变，只是将工作换到了丈夫的公司。平日在经历了一天的繁忙工作之后，陈曼偶尔会在下班后和朋友聚聚会，或是自己找一个咖啡屋安静地待会儿，这样一天的压力顷刻便纾解开来。当然，她也不用跟丈夫做很多解释，只需要说"今天我晚点回来"就行了。而丈夫也从来不会多加干涉她的生活，因为丈夫正喜欢她这种独立自主的性格。

有时候，陈曼还会帮助丈夫处理一些公司上余下来的杂事，替丈夫分忧。因为陈曼的能力很强，所以丈夫也很是相信她。例如有好几个大型的项目企划工作，丈夫都是和陈曼一起共同探讨完成的。平常在一些宴会中，丈夫总是会当着他人的面称赞陈曼，说自己何德何能竟娶了这样一个又能干又顾家的老婆，而陈曼这时候内心也总是会涌起一股甜蜜。

是不是男性都不大喜欢太坚强、太接触的女孩？不！答案绝对是否定的。试想一下，如果一个女人万事都要依靠身边的这个男人，生活中的大小问题全都无法独自定夺，那么也许一次两次，男人会觉得身边的这个女人有小鸟依人的感觉，可是时间一久，他们终究还是会因为觉得你没有属于自己的本色魅力和独立能力而离你而去。

世界上一切都得讲求"合宜"，相信不会有人讨厌一个娇弱无助的小女孩，可是，选择合适女人的要求却是不同的。在这里主要有两点原因：第一，无助的背后就是一连串无止无尽的要求；第二，男人很可能会心生不平，因为女人可以利用这项武器任意要求男人，不过，男人不能享受这种待遇。

曾经有一位男士就这样说过："我并不需要一个只会撒娇、等待报偿的女人，我真正需要的是一位助手、一位伙伴，而不是成天要我照顾的小女孩。遇到困难的时候，又有谁来安慰我呢？"

实际上，多数男人都不会去找一个只懂得依靠自己的小女孩型的女人做自己的终生伴侣，因为那样他会觉得很累。尤其是随着生活压力的加大，更多在外闯荡事业的男性，越来越需求一位可以与自己分享事业的"伙伴"，一位能够在自己迷茫时能为自己拨开云雾的"帮手"。因为，男人也有脆弱的一面，他们同样也需要别人来照顾。

20 几岁的女孩，一定要懂得，虽然女性在生理发育上可能不如男人强壮，但在思想和工作上并不只有男人才能有建树的。如果你还认为带点稚气，并且时刻围着男人转的女人才最容易打动男人的心，那么你可能就真的错了。女人不要只仅限于将对方看做自己的天，如果你想要自由地在属于自己的广阔中驰骋，那么就必须要拥有属于自己的能力。只有当一个女人精神独立，并且有能力轻松平等地与男人交流，这样你才能牵动男人的心，并且集魅力于一身。

2. 努力去拼搏的女孩们，都是美丽的

每个女孩身上都拥有着旁人无法企及的资本。无论是在职场上或者生活中，在一些领域，我们完全可以利用自身的某些优势超越男人。有见解、够独立、自主能力强的女人才能够获得男人的欣赏。

20几岁的女孩必须要树立起坚毅的屏障，依附于男人的时代已经消失在不断前进的浪潮中。女人标新立异，成为时代的顶峰人物已不再是梦想。作为不输于男人推动新思想的开创者，女人同样有着不可替代的贡献，只要我们够努力，便可以在男人的世界中自由穿梭。

西单女孩任月丽想必大家都熟知，这样一个普通得不能再普通的女孩之所以能够登上兔年春晚，与她的经历密不可分。身为"80后"，她和大多数有着幸福家庭的孩童不同，她在少时便承受了很多生活的艰难。当同龄的孩子还在父母身边撒娇的时候，她却因为家境的窘迫，加之亲人的疾病，16岁便独身闯荡北京，追寻自己的梦，同时用自己的力量支撑起家庭的重担。这个小姑娘在北京西单的地下通道一唱便是4年，风雨无阻。而对音乐的坚持，在4年之后终究让她看到了梦的边缘。

2008年一位网友拍摄其翻唱安琥的《天使的翅膀》的视频被传到网上，她空灵纯净的歌声似乎能穿透心灵，无数网友被深深地打动，纷纷跟帖留言，甚至含泪写下评论，称之为"西单女孩"，也有人称她"西单天使"。

作为"北漂"的她，也许在其他技能上并不尽如人意，但她明白自己天生有一副好嗓子，并结合她短暂却困苦的人生经历，在地下通道里唱出了她人生的绚烂。她并没有觉得在地下通道唱歌是件多么卑微的事情，而最终的成功也验证了这一点。每个发挥自己独特优势去拼搏的女孩，都有属于自己的美丽。

有的人坐在高楼大厦中成就事业，也有的人如同"西单女孩"一样在街头巷尾闯荡天地，但只要是勇于拼搏的人，就不卑微，她们都是美丽的。每个人的成功路都不尽相同，但成功的模式往往一样，成功者常常不在于他们能力的多样化，而在于他们找到了自己的强项，发挥了自己的强项，这就是成功的一般规律。

我们有属于"谋事型"的人，思维活跃，善于创新；有属于"干事型"的人，雷厉风行，做事干练；有属于"合作型"的人，团结互助，协调联动；有属于"应变型"的人，沉着冷静，条理清晰。我们每个人都像一根长短相同的杠杆，能否走上成功之道，关键在于能否找到那个最合适的支点，找到了就可以撬动地球。这个支点，就是要发挥自己的独特优势。

在员工的眼中，广东美思内衣有限公司董事长吴艳芬是一位极具领导能力的女老板。她1988年开始创业，用了23年时间，从挑着扁担走街串巷的个体户发展成拥有1400多名员工、3000多家加盟店的女企业家。

细致、亲和、温柔、爱美是吴艳芬给很多人留下的深刻印象，员工们更愿意称呼她为"芬姐"，而不是"吴总"。

从家族式管理转变成现代企业管理，是吴艳芬当前的头等大事。一次，吴艳芬跟公司各部门开会讨论营销业务，一位下属在会上提出，芬姐为什么不愿更多地放权。"这么多员工跟着我吃饭，我要对他们负责，所以什么都会管得细一些，这也许是女人天性使然。但这也会让员工产生管得太紧的感觉。"

"另外，虽然我在员工们面前不摆架子，但我也需要让下属明白，这个企业的老板是我。各部门像奥运五环一样，联合成一体，而不能各自为政。"吴艳芬说。

和吴艳芬一样，广州市得洁洗涤剂厂厂长谢小夏在管理上也十分注重细节。她大学读的是工业会计专业，研究生又学了技术经济学，对数字特别敏感。毕业后，她在父亲的鼓励下，拿着1万多元闯进洗涤剂行业，企业由最初年纳税几千元发展到近百万元。

谢小夏对企业每笔收支都记得清清楚楚。她还给企业制定了工作流程和程序表，包括接电话和接待顾客时使用的礼貌用语、应对突发事件的方法等，甚至连公司司机的修车点，她都去看过、了解过价格。

在有些行业里，女人会发挥着自己独特的优势去拼搏，她们都是美丽的，干练的气质、强硬的态度都可以让男人臣服。只要你是一个才华出众的女人，还害怕优秀的男人不欣赏你吗？

所以，女孩要想在事业上有所建树，就一定要先找到自身的闪光点，然后努力去拼搏，无论别人能否理解与支持，坚持自我，相信你终究会成为明日最闪耀的星辰。

3. 相信自己能飞翔，才能拥有翅膀

有人说："女人最要命的就是自卑。"没错，如果你连迈出脚步的勇气都没有，又谈何所谓成功呢？

一个年轻的墨西哥女人跟随着丈夫移居美国，她心里充满了对丈夫的感激，因为他将要带她面对一种崭新的生活，而且她相信，这种

新生活是快乐的，是轻松的，是充满希望的。

然而，还没有抵达美国，丈夫就不明原因地离她而去，留下束手无策的她和两个嗷嗷待哺的孩子。前途一片迷茫，她不知道下一步该何去何从。22 岁的她和孩子在寒冷的冬天里孤立无援，饥寒交迫。然而，两天的迷茫之后，她还是做出了一个艰难的决定，前往加州，即使那里没有一个亲人和朋友。于是她用仅剩的一点钱毅然决然地买了去加州的火车票。

刚到加州的时候，她一无所有。在她的一再央求下，一家墨西哥餐馆答应让她在那里打工。而她辛辛苦苦地从早到晚，收入不过只有几块钱。但是她很知足，因为她和孩子都还很健康地活着。同时，她省吃俭用，努力挣钱，也试图在寻找属于自己的工作。

后来，她开了一家墨西哥小吃店，专门卖墨西哥肉饼。有一天，这个年轻的墨西哥女人拿着辛辛苦苦攒下来的一笔钱，跑到银行向经理申请贷款，她说："我想买下一间房子，经营墨西哥小吃。如果你肯借给我几千块钱，那么我的愿望就能够实现。"

一个陌生的外国女人，没有任何财产作抵押，更没有可以给她做担保的亲戚朋友，而她自己都不知道能否成功。但是很幸运，这家银行的经理很佩服她的胆识，决定冒险投资一把……15 年以后，这家小吃店扩展成为美国最大的墨西哥食品批发店。她就是拉蒙娜·巴努宜洛斯，而且曾经担任过美国的财政部长。

这是一个平凡女人由自信带来的成功。自信给了她战胜命运的勇气，同时也给了她聪明和智慧，而且促使她白手起家来寻求生命的出路，最终她成功了。知道吗？她常常挂在嘴边的一句话就是："我能行，因为我相信我能行！"

无可否认，自信是成功的驱动力，尤其是对女人来说，拥有自信就拥有了一种积极的态度和奋发向上的激情。千百年来的世俗观念已经把女人的自信给扼杀了，尽管她们有想要成功的冲动，却缺少走出

第 1 课　谁说女子不如男

世俗的勇气，更缺少对自己的那份自信。不过，女人们，不要因为莎士比亚先生的一句"女人，你的名字是弱者"，而让自己抵挡不住生命中的种种冲击，要相信女人也顶"半边天"，相信自己"我能行"！

你不妨将自己的兴趣、嗜好、能力和特长全部列出来，哪怕是很细微的东西也不要忽略。你会发现你有很多优点，并且对自己的弱项和遭到失败的地方持理智和客观的态度，既不自欺欺人，又不将其看得过于严重，而是以积极的态度应对现实，这样自卑便失去了温床。

不要总是关注自己的弱项和失败，而应将注意力和精力转移到自己最感兴趣，也最擅长的事情上去，从中获得的乐趣与成就感将强化你的自信，驱散自卑的阴影，从而缓解你的心理压力和紧张。

用行动证明自己的能力与价值。其实，看一个人有没有价值，根本用不着进行什么深奥的思考，也用不着问别人。有人需要你，你就有价值，你能做事，你就有价值。因此，你可以先选择一件自己最有把握也有意义的事情去做，做成之后，再去找一个目标。这样，每一次成功都将强化你的自信心，弱化你的自卑感，一连串的成功则会使你的自信心趋于巩固。

女人，时刻告诫自己："我能行！"只有相信自己能飞翔，才能拥有翱翔天空的翅膀。

4. 如果你不比别人聪明，就比别人努力

每个人的成功不是一蹴而就的，当我们有着为梦想而努力拼搏的勇气，也有着孜孜不倦坚持下去的韧性，即便不是很有才华，我们也可以用事实告诉他人，我们依然努力着，只是离成功还差一步而已。

勤奋是通往成功的敲门砖，对于女人来说，勤奋更是一种难能可贵的优秀品质。在如今竞争激烈的社会上，聪明的女人并不一定能够取得成功，但是勤奋努力的女人一定可以在人生的竞技场上实现自己

的价值。

　　高中时一次无关紧要的小测试让杨澜发现那些平时和自己成绩差不多的同学，这次的成绩却都比自己好。之后她很认真地反思，想到如果光靠临时抱佛脚的刻苦是完全不行的，只有将希望寄托在平时的努力积累上才能获得最后的成功。

　　从此杨澜在以后的任何事情上都能做到兢兢业业。这种良好的习惯在杨澜的电视制作生涯里得到了极大的发挥和良好的运用。她在每一次做节目之前都会做好充足的准备。正是凭借这样一股毫不松懈的努力精神，杨澜才能在众多优秀的电视节目主持人中脱颖而出。

　　每一个人成长的背后，都是默默的付出和辛勤的汗水，谁都不例外。成功者大都内外兼修，优雅和智慧并存。我们一直渴望成为优秀队伍中的一员，成为知性、优雅、成功的代名词。失败不可怕，可怕的是怯懦于过程。失败后的感伤的确很痛苦，但重新开始的决绝是结束痛苦的唯一途径。

　　邓亚萍这个名字可谓家喻户晓，她身材娇小，打起乒乓球来却犹如一只出山的小猛虎，出手敏捷凌厉，喝声当空，锐不可当，时常只用几板就把对方制伏。

　　她在短短的11年间，一共拿到153个冠军，并且还是国际体坛上唯一一名三次接受前国际奥委会主席萨马兰奇亲自授奖的运动员。

　　面对此等殊荣邓亚萍曾说："我并不相信命，每个人的命运都掌握在自己手里。有人说我命好，为世界乒坛创造出了一个'常胜将军'的奇迹。但上帝不会将冠军的桂冠戴在一个未真诚付出汗水、泪水、心血和智慧的运动员身上。"

　　而当初连26个英文字母都写不出的女孩，凭借超强的信心与努力，在7年时间里取得了英国诺丁汉大学硕士学位，并出版了英文专

第1课　谁说女子不如男

著《从小脚女人到奥运会冠军》。邓亚萍曾说:"我并不比别人聪明。"而这一切的成就将归功于坚持不懈的奋斗。

没有人一出生就拥有着歌德310的高智商,也没有人一出生便被赋予比尔·盖茨的聪慧,成功与聪明画不上等号,而成功的前提必不可少汗水的灌溉。

勇敢不畏艰险的女人,具备强大的气场,懂得为人处世的道理,更有打破常规、突破传统的勇气,为梦想而奋斗,通过扬长避短发挥其身的优势去追求。我们同样有愿望,渴望通过成功来证明自己,所以我们需要放手一搏。

想要当事业有成的女人,不是凭空想象就能做到。不迈出第一步的人,永远是缩在壳里的乌龟,整天担心被风吹翻,便无翻身之日。

不要抱怨生活,世界很公平,平凡而庸碌只能证明你自己没有真正地去努力。其实,只要你愿意,你也可以成为成功的女性。踏踏实实,一步一个脚印通过自己的努力不断去争取,美丽、知性、优雅都是在生活的磨砺中一点一滴积累起来的。虽然我们不够聪明,但只要不懈努力,你的人生同样会有无限精彩的可能。

第 2 课

有明确的梦想，并为之去奋斗

20 几岁是追梦的最佳年龄，如果你能够为自己确定明确的梦想，并且努力地去奋斗，那么到了 30 岁你反过来看回头的路，心中满满的都是成就感。

1. 人生不是漫无目的的散步，梦想让你与众不同

　　一场惨烈的5·12大地震，让很多平凡的灵魂在狱火中重生。曾有个男孩说："我过去只是个碌碌无为的小青年，没有梦想，整天就是打球，追女孩，吃吃喝喝，无所事事。但地震震醒了我内心被埋没的灵魂，我要去完成那些在地震中就此长眠的同学们的梦想，去上大学，去看看海，去参加周杰伦的演唱会，去替他们每一个人活着。有了这些梦想，我才觉得我活着是有价值的，带着26个灵魂、26个梦想，我不再是孤独的一个。"

　　当走出校园，步入社会的那一刻，梦想已悄悄消损在红灯绿酒之中。没有梦想居住的灵魂，生命之火犹如烛光，昏黄毫无生机。而相对于男人来讲，女人更需要梦想。梦想是女人的水晶鞋，让灰姑娘从平凡走向高贵。只有拥有梦想、有追求的女孩，才会让男人另眼相看。哪怕到了青春不再的年纪，梦想都会让女人依旧美丽。

　　玫琳凯女士说道："我是越老越觉得自己美丽，不是因为别的，就是我实现了自己的梦想。"她的事业开始于一般人认为应该结束的时候，那一年她已经45岁，从做了25年的直销岗位上退休。坐在厨房的餐桌旁，回想起25年来工作中的种种经历和感受，玫琳凯决定写下多年来她作为杰出的营销员生活的种种经历，把工作中那些美好的事情和所遇到的问题列出来。看看所写出的清单，玫琳凯突然发现，不知不觉中她心里逐渐产生了一个梦想，去创立一个"梦想公司"，给所有的女性提供无限的机会，帮助更多的人实现她们的梦想。1963年9月13日玫琳凯与儿子理查德·罗杰斯和9名美容顾问正式

建立了"玫琳凯化妆品公司"，从此开始了梦想之旅。

后来，她成功了，带着梦想的翅膀，她将公司从一家小型化妆品公司发展成为其业务遍布世界33个国家及地区、年营业额达30亿美元的全美最大的护肤品企业，并在全球拥有一支90万人的美容顾问队伍和逾2000万名忠实顾客。

一个有梦想的女人，无论年龄多大，梦想都会成为她最好的化妆品。她不会因为岁月的痕迹而显得苍老，她会因为梦想而变得更加美丽。正如不想当将军的士兵不是好士兵的道理一样，没有梦想的女人也不会是男人心目中最理想的女人。其实不难发现，我们身边就存在着很多为理想而奋斗的女子，她们不一定要有多大的抱负，但却在默默地为着自己的小梦想努力着。

在北京最著名的王府井商业街旁，有这样一家家居饰品店，但凡走进的人都会被它独一无二的氛围和情调所感染。不难想象，开店的主人一定是位女子，因为店内无不充斥着小女人情怀。

的确，店的女主人叫潘玲，原来的她是一家经济信息公司的行政部门经理，游走在高层大厦，拿着一月近万元的收入，让人好不美慕。但潘玲并没有因此而满足，当然她不满足的不是收入，最主要的原因是没有兴趣。对于潘玲来说，像所有爱做梦的"公主"一样，一直想拥有自己的一家小店，而她的兴趣爱好也更偏重于艺术，所以，她放弃了自己原先的工作，现在开着自己的家居饰品店。

在潘玲的设计中有手绘的古瓷餐具、餐巾挂环、筷子架等小摆件，不仅手法夸张、造型别致，而且实用性也很强，每一件装饰品都设计得很巧妙，使用也很方便。最有意思的是，潘玲很大气，她说她一点都不"反盗版"，看到别人店里照抄她的东西，她却一点也不生气。她说，只要可以给家居生活添一些品位，就应该是美好的抄袭。她认为自己开这个店完全是兴趣所致，是让具有东方韵味的饰品进入到现代家居生活中，让人们体会生活中不应该被忽视的风景。潘玲说："在这个过程中，哪怕知音非常非常少，我也很开心。"而且，如今的一些老顾客早已成了潘玲的知音，这让她体会到了从未有过的满足感。

梦想是可以和平淡无奇的生活串联在一起的，有的女人总觉得梦想仿佛和现实生活背道而驰，于是放弃了自己最终的梦想，其实这是错误的。有些女孩只不过是想要拥有简单的工作与简单的爱情，与一个男人在一起幸福地生活。而真正优秀的男人，他们也会希望自己的老婆是有抱负的女人，所以，如果女人有梦想，男人会全力支持的。女人完全可以让自己的梦想跟随着自己一起嫁给一个男人，只要他愿意帮你实现梦想，就说明他是一个懂得欣赏你的男人。

所以，梦想是人生的调味剂，有了它，女人才会更加幸福。我们不应沉醉在梦中的幸福中，而要抱着梦想去寻找幸福！

2. 青春不留白，做你认为值得的事

女孩子到了20几岁的年龄，为自己留下的不应该仅仅是一组造型优美的艺术照片，或是一段轰轰烈烈的感情经历。20几岁的女孩，更应该在自己大好青春的印证下，做一番属于自己的事业，也许它并不成功，但至少让你此生无悔。当你青春已逝，再回头来看，你会发现那是比照片上稚嫩的自己更富有韵味的美。就连如今女性心目中的成功典范杨澜也说，她对自己最满意的就是一直在追求改变，就算承受失败的风险，也要做自己认为值得的事情。

1995年，当懵懂的中国时尚界还与世界严重脱节时，马艳丽便以近乎误打误撞的方式成为令人眼前一亮的时尚坐标。通过她，我们

终于意识到，女模特"冷漠"的面孔下也可以诞生极具生命力和个性的表达。然而出乎意料的是，她却在模特事业最辉煌的时候选择了隐退。这对于她来讲，是一件非常危险的事情，如果转型不成功，那她之前所做的努力将会一无所有。但马艳丽却说："当时的想法很简单，也很坚定。我认定我的人生不会仅仅是在 T 台上来来往往。那时候因为职业的关系拥有了更高的眼界，能看到世界上最时尚的服饰，就像小女孩迷恋花裙子一样，我相信我也可以拥有自己设计的服装品牌。"

在两年的潜心进修之后，马艳丽在 2003 年创立了属于她自己的品牌 Maryma。但仅凭对服装设计的热情和品位就想在商业社会里获得成功，几乎是不可能的。对于完全没有过商业技能培训的马艳丽来说，她也第一次意识到从商并不是那么容易的事情。尤其是在 2003年这个特殊的年份里，Maryma 的时尚版图在非典的打击下扩张得极度缓慢。

此后，经历了两年的蛰伏和历练，恢复了元气的马艳丽更加成熟，终于在 2005 年为 Maryma 品牌找到了更加适合的定位——创办马艳丽高级时装定制中心，以高级定制的名义高调归来。在那场名为"在红地毯上"的高级时装定制发布会上，马艳丽展示了 60 款经典高级定制晚装，让人看到了高级定制无法抗拒的魅力。

像马艳丽这样有所作为的女人不在少数，我们在羡慕她们成功的同时，也该为自己想想，问一问自己到底能干什么。假如你不明白自己的需要，那么你很可能做出完全相反的选择；给自己的梦想留一点时间——成功的定义与方向在于你想要什么，而这个愿望随时可能改变，因此你对成功的定义也可能会有所不同；把"最"字摆在当头，只有你能为自己做决定，做你觉得有价值、有兴趣的事情才是最能满足你、最有意义的决定。

青春转瞬即逝，年轻的女孩能够为自己的梦想拼搏的时间也就那么短短几十年，为了不让人生有太多的遗憾，就不要给自己的青春留下太多的空白，只要有梦想，就应当全力以赴，勇敢地去实现自己心中的理想。

从18岁高中毕业后就进入演艺圈的阿雅，虽然一路事业顺利、人气旺，人生中却不曾给自己放过"长假"。几年前父亲去世，带给阿雅很大的冲击，父亲一直希望她能够再多充实自我，而她也一直很想再去学习，心里头"很想为自己做点什么"的声音持续浮现！于是，阿雅决定在30岁之前实现"游学"的梦想，她相信这也是父亲一直希望她做的。

许多人对于眼前事业发展得很好、一切都这么顺心如意时，居然兴起放自己大假、到国外游学的阿雅充满疑惑，而更多的声音是替她觉得可惜。阿雅说，除了妈妈因为担忧与不舍而持反对票外，在演艺圈中与她亦师亦友的宪哥（吴宗宪）也曾劝阻她打消念头，认为大好的演艺前途突然中断相当可惜，说不定等她回来后这些机会早就是别人的了……但阿雅却很笃定地认为，就因为大家的质疑，更让她思考自己为什么要走："我不希望等到40岁时，再来后悔自己当初为何没有勇气跨出那一步！钱，什么时候都可以赚，但20几岁的青春却只有这么一次。"

很多女人往往在大脑中都为自己勾画了很美好的未来蓝图，可是却常常欠缺最主要的一环——行动。如果不付诸实际行动，想法也永远只能是空中阁阁，虚幻而缥缈。也许你想要做的事情即使行动也不见得就能成功，但是短暂的青春里，我们就要拥有年轻女孩的那一股闯劲，只有行动起来，才能看到希望的曙光。

我们可以不成功，但绝对不能不成长。若是有一种目标值得你去达到，这工作就值得好好地计划和行动。自己对自己负责，就要敢于挑战——生命之权操之在己，不管别人有多少意见，作决定的终究是自己。为了不让自己后悔，为了给自己的青春留下弥足珍贵的印痕，就大胆去尝试做你认为值得去做的事情吧，让你的人生更加绚丽多彩。

3. 为理想而奋斗是值得自豪的事

试问刚踏入社会的女孩们，能有几个人做着自己喜欢的工作呢？如今的社会压力大，有太多的人为了工作而工作，她们把工作仅仅当成了一种谋生的手段，她们无法体会到真正的满足感、幸福感。

幸运的馅饼不会掉到每个人口中，结果永远短暂得只有瞬间的绚丽，而过程却是酸甜苦辣咸五味杂陈的美好回忆。没有经历何谈喜悲，没有过程何谈奋斗，没有点点滴滴的拼凑、沉沉浮浮的起落，人生又何谈走过。经常看到一些女孩沦为生活的奴隶，为了走捷径，在烟熏火燎中出卖灵魂，堕落而毫无人格可言，当青春渐逝，也不过一具空皮囊。

当我们为了理想而去努力奋斗，历经挫折与磨难，尝遍喜悦与欢乐，我们对人生的理解，才会更深一步。经历是非常宝贵的财富，喘息之间皆是经历。失败、跌倒，我们还可以再站起来，哪怕重新从起点做起也是对自身的考验，我们应该高兴才是，应该为能有奋斗的动力与源泉感到骄傲与自豪。

有这样一则小故事：在一个阳光明媚的清晨，刚刚睡醒的蚯蚓看见围墙上有一只蜗牛在卖力地爬着。蚯蚓见了，大声地说道："喂，老朋友，你在干什么？"蜗牛听见了蚯蚓的叫喊声，便扭转身子，回过头答道："我想爬出这堵围墙，我想看见外面精彩的世界。这是我的理想！"蚯蚓听了，先是一愣，然后又哈哈大笑起来："你？别傻了，你看你那一向拖拖拉拉的习惯，再加上你身上的'小房子'，猴年马月才能爬出围墙呀？趁早死了这条心吧！你还是学学我，过些逍遥快活的日子吧！"

蜗牛听了，有点生气，便说道："没有理想、没有目标的人是不能成就大事业的。不达到目标，我绝不轻易放弃。你等着瞧吧，我一定会成功的。到那个时候，你也一定会对我刮目相看。"说完，便继续向上爬。蚯蚓见了，摇了摇头，觉得蜗牛简直是异想天开，就又钻进泥土里，继续睡觉去了。

过了一会儿，蚯蚓睁开了眼睛，伸了一个懒腰，钻出了泥土，往围墙上一看，哎呀，蜗牛早已爬到了围墙的最顶端，现在，正朝它招手呢！蚯蚓见了，觉得很不可思议，便大声说道："老朋友，你是何时爬上去的？"蜗牛答道："是在你睡懒觉时爬上来的。"蚯蚓听了，有点惭愧，便又问："那你又是怎样办到的？"蜗牛笑了笑，语重心长地说："只要你的心中有一个理想，并向着这个理想去奋斗，不管前面的困难有多大，坚持下去，千万不要退缩，那你就一定会获得成功。

大哲学家苏格拉底曾经说过："世界上最快乐的事，莫过于为理想而奋斗。"人生在世，是碌碌无为，虚度韶华，还是踏踏实实，拼搏奋斗，这取决于自己。是成为笑傲天穹的精灵，还是成为陆地上平庸的小丑，一切的一切还是由自己决定。光阴似箭催人老，日月如梭趱少年。光阴何其短暂！光阴何其宝贵！当人们还没省悟过来之时，时间老人早已蹒跚地走过了一个又一个人生巷口。倘若你不抓紧时间，奋斗进取，拼搏出属于自己的一片天地，那么你将会是一个既可悲又可怜的人。因为你的人生画卷是如此的空白，如此的缺乏光彩。本来应该由你涂抹的画卷，却因为你的虚度而被白白地弃用，你自己说到底可悲不可悲？

人人都是一条毛毛虫，需要经过挫折与困难才能成为美丽的蝴蝶。人人都能够成功，别在离成功仅仅一步时放弃。阳光，它总在风雨后，没有经历风风雨雨哪能见到彩虹，没有人能随随便便成功。世界上没有命运，如果有，他也是个聋子，无论你怎么祈祷，他也听不见，其实，命运掌握在我们的手中，自己努力，才能创造出属于自己的路。

4. 抓住机遇的翅膀，成功不是等来的

一些可爱的傻女孩，仅仅依靠靓丽的外表，便想坐享其成，守株待兔，等待慧眼识才者将其牵走。即便拥有过人的天赋或者才干，不懂得主动去抓住机遇的翅膀，成功也不过是彼岸花，只可观望，不可亲近。

成功需天时、地利、人和，三者缺一不可，而这三者之中均蕴涵着至关重要的一点则是机遇。其实，每个人在一生中都有成功的机会，但大多数人之所以平庸，不是没有能力，也不是没有理想，更不是不愿为之付出代价，而恰恰是缺乏成功的至关重要因素——抓住机遇的能力。俗话说"机不可失，失不再来"，只有主动抓住机会的女人，才能成就大事。

陈博原来是郑州市医院里的一个普普通通的牙医，后来却成为了医疗领域以及生意场上的佼佼者，这是为什么呢？原来，随着陈博与牙病患者接触的增多，使她萌生了开展洗牙的想法：如今人们保健意识有了很大的增强，洗牙必将很有前景。陈博自有"小九九"：要把洗牙选在宾馆里。这里的客人消费能力强，经常走南闯北，容易接受新事物。而当时洗牙在郑州真可谓"才露尖尖角"，许多人觉得刷牙不就得了，洗牙简直是吃饱了撑的。

家人对她的事毫不热心，总觉得牙疼不是病，洗牙能成啥气候。但陈博却坚持认为，这是一个难得的机会，谁抢先准就能赚大钱，于是她当机立断，辞了职。在男朋友的帮助下，她筹措 2 万元钱买了台

超声波洁牙机和配套设备，1998年6月在新世纪大厦租了间房算是展开了业务。

住宾馆的多是过路客，可谁知一些过路客竟也成了回头客。这全靠陈博的两件法宝——卫生和服务：围巾、月镜、镊子等采用一次性用具，超声波洁牙机探头、手柄每次都严格消毒，顾客感觉这里洗牙比街头店放心得多；为客人免费建立个人健康档案，义务进行医疗保健咨询和指导，许多人觉得这里比医院舒心得多。

把生意设在宾馆，盯的是来往客人的口袋，可孰料"无心插柳柳成荫"，陈博的声誉不胫而走，附近的居民逐渐前来，一开始他们抱着试试看的心理来"尝"个新鲜，可后来竟演变成了拖家带口。一台洁牙机不够，那就再上一台！陈博和男友达成了共识，反正总不能让顾客排队等吧！去年底，她的洗牙室又多了台档次更高的洁牙机。投资不大，收益不小。对自己的幸运，陈博说："我仅仅是比较果断、比较细心罢了！"然而熟悉她的人却都说："细心的陈博善于捕捉多变的商机！"

常言道，人生的得失，关键在于机遇的得失。快跑的未必能赢，力战的未必得胜。一味只知道埋头苦干的未必就可以春风得意、功成名就。正如生活中，总有一些人，时时哀叹命运的不公，说什么别人遇到的都是明媚的阳光、和煦的春风，而自己碰到的尽是冰天雪地、寒霜冷雨，大有怀才不遇、生不逢时之感。

果真如此吗？其实不然。上帝对待每一个人都是公平的，在给予别人成功机遇的同时，也在给予你同样的机遇。但是机遇往往是突然和不知不觉地出现的，即使出现了，也往往是稍纵即逝。机遇可遇而不可求，当你意识到出现机遇的时候，一定要抓住它，千万不要掉以轻心。

对于女人来说，当机会出现的时候，大多没有男人的当机立断，女人往往优柔寡断和瞻前顾后，没错，这也许能使我们避开风险，但也往往使宝贵的机会从身边迅速溜走。成功是和机会成正比的，机会一旦来临，女人也要学会和男人一样，挥舞利剑，劈开一条成功之路。

第3课

成长比成功更重要

一个人是在不断的成长中走向成熟的。成功只是阶段性的胜利，而成长却是每个阶段知识、经验的累积。所谓聚沙成塔，最终成长爆发的威力将要比你阶段性的成功更巨大。

1. 给彷徨的人生寻找一个方向

一些女孩子初入社会，过去拟定的坐标瞬间被混乱的社会洪流摧垮，看他人拜金，自己跟着拜金；观他人与世无争，自己甘愿平庸无为；望他人非主流，自己则混搭……而成长的过程却在盲从中回缩。

20几岁的女孩早应该褪去稚嫩的青涩，与人生最关键的成长接轨。而人要成长就要寻找人生的坐标，首当其冲的就是时代的坐标。唯有找准了人生目标，并付诸脚踏实地的行动，才能做到视野不断开阔、知识不断丰富、经验不断积累，既深刻地、全面地认识自己，又能成功地融入社会，在若干领域取得丰硕的成果，获得诸多的荣誉。

杨澜在报考大学的时候也曾彷徨过，但在父亲的逐步分析下，外语将成为新的时代坐标。因此，杨澜选择了北外。在学习的过程中，杨澜越来越感觉到"外语绝对不仅仅是一种工具，它让你得到了一种新的思维方式，甚至是让你进入了一个新的世界"。

当时，《正大综艺》的制片方要找一个懂点英语的主持人，杨澜报考了。经过了七轮的竞争，到进入最后一轮决赛时，就剩下她和另外一个女孩子。面试官要求她们在门口准备几分钟，用英语介绍自己和讲讲为什么喜欢这个节目。

后来，当时的制片人，也就是对她有知遇之恩的辛少英导演与别人谈起那段往事，辛少英说："虽然当时每个女孩子都非常希望自己得到那个主持人的位置，但我路过时，发现杨澜还在辅导另外那个女孩子的英文，所以当时就觉得这个女孩很特别。"

杨澜曾说："这些年来回头看看，我非常感谢父亲当年为我作出的这个决定。因此，英语对我而言，不仅仅是个工具。利用它，我不仅可以做采访，搜集更多的资料，更让我进入一种文化的比较，对于不同世界的一种比较。"

20几岁的女孩处在现在的社会，就要学着适应，并要找准时代坐标，了解时代精神的内涵及其对自身的要求。一个人的思想和行动，只有适应了时代的变革，并紧紧跟上时代的步伐，才不至于被湍急的时代潮流所淘汰。找准时代坐标，对于现在的很多年轻女孩来说，这是个大局意识问题，也是个理想信念问题。理想是出征的风帆，信念是前进的罗盘。一些人之所以有眼辨不清方向，有腿走不上正路，有心干不出善事，恐怕与偏离时代坐标有一定的关系。

年轻的女孩如果找准了时代的坐标，不管做什么事情都会信心满满。如韩国演员秋瓷炫参演的一部《回家的诱惑》让其火遍中国，墙内开花墙外香的秋瓷炫，在确立好更好的坐标后，自信满满地来中国发展，成为继蔡琳、张娜拉之后新的韩国名片。

二十几岁的女孩一定要记住，寻找人生坐标的过程是个不断研究和感悟的过程，更是一个不断实践、执著追求的过程。鲁迅曾告诫世人："人生却不在拼凑，而在于创造。"一个人要成就一番事业，有所进步、有所创造、有所发展，重要的是不断进取！如果只是空想，或者只是嘴上说得头头是道，纵然你把人生规划得再好，也是不会有任何成就的。

年轻的女孩们，如果你正在成功的道路上徘徊不前，那么请你赶快设立好自己人生的坐标，并在这条路上不断地摸索，相信终有一天你的生命会绽放出绚丽的光彩！

第3课 成长比成功更重要

2. 找到自己的比较优势，总有一样你最拿手

有人说过这样一句话："一个人不需要每件事都做得好，其实只要一件事做得好，你就有下一次机会。"这的确是很有道理的。人与人虽然没有优劣之分，但却有很大不同。比如有的医学生，在学校理论学得很好，但手比较笨，所以在临床上就不适合做外科医生。有的理论学得不是很精专，但手很灵巧，就可以成为外科的"一把刀"。这就是每个人有不同的比较优势。

相信很多女孩在刚刚走出大学的时候，心里都会有这样的一个想法："我一定要做一项很有意义的工作，或者我很有兴趣的工作。而实际上，正因为这种固执己见的想法造成一些女孩子入错行，选错业，荒废了很多大好年华。"

急功近利会闯入误区，只知抱怨，不付诸行动会一事无成。不妨放慢心性，不必觉得大材小用不甘心，有时候做些事务性的工作，如果比别人做得好，总有机会去做更大的事。除了我们自身之外，其他人看的只是结果，只要我们在做某件事时比他人好一点点，就会有成长的机会。

杨梅接受了主编给的采访任务，她要在一周内采访完三位体重超过200斤的女士，从中获取她们生活以及工作上的状态。

杨梅在网上一番搜索，确定了几个目标。当她出现在被采访者面前时，由于对方比较肥胖，一般的座椅坐不下，于是杨梅拿出携带的薄毯扑在地上，自己先坐下，再示意对方坐下，两人开始交谈。到了最后，那位被采访者和善地说："因为个人问题，总要接受一些好奇者的访问，但我很愿意接受你的采访。"杨梅好奇地问为什么。那位被采访者说："我能从其他人眼中看到嘲笑与蔑视，但我从你的眼中

看到了真诚，我知道你是真的对我感兴趣，还有你的笑很温和。"

这位肥胖女士的话让杨梅懂得，她的优势在于自己比他人要真诚。在面对他人时，我们的一举一动，是否对对方感兴趣都会被对方察觉。而这种比较出来的优势是成功的先驱。

其实每个女孩都有自己的比较优势，也许不能从一开始就知道，但是只要你愿意不断尝试，总有一样是你最拿手的。

我们有多少个十年，都是慢慢向上累积的，同样成长需要运用加法，一步步累积。现在做保洁员，下次便向上申请做考勤，做了考勤又问经理是不是可以做组长，做好组长，又问是不是可以做管理……一遍遍尝试过后，我们才明白，自身的比较优势可能只有那么一两项。

当我们将自己定位，一个懂得何处会落满灰尘，一个懂得如何缩减后勤开支之人，既希望自己可以做好手头上的工作，又希望从事更多的方面发展，慢慢地，从一次次失败或小成功中认识出自己的比较优势。

年轻的女孩不要总是认为自己很平凡，没有特别出众的地方，所以干脆随波逐流、碌碌度日，这是人生最大的浪费。每个女孩都有其独特和优秀的一面，只要你善于挖掘，总会发现自己最擅长的东西。找到了自己的比较优势，然后再为之坚持不懈。

3. 你可以不成功，但是不能不成长

随时代变迁，已由过去追求小康为目标演变成崇拜成功的时代，但在奋斗的金字塔上，登上顶峰的人物却犹如凤毛麟角。我们一直对成功有所偏见，总感觉付出了太多血汗，而得到的只是毛毛雨般的回

馈。歌德曾说："每个人都想成功，但没想到成长。"的确，我们想到的只有失败后哭泣，却从未回想经历中的成长。

成功就像一些女孩强烈的虚荣心，是为了炫耀外在物质，让他人评头论足加以赞美的一个点。而成长是内在的真实感受，是去其糟粕、留其精华的历练。沉积物经过千万年积压方可成钻石，而千年积压只可为煤炭。

"有时候，人并不喜欢自己工作的环境，环境给人相当大的压迫感，这时候，你一方面要寻求突破，另一方面，你心里要清楚你要什么"。人生在世，你唯一能够有把握的也就是成长。

陈雨昔在一家公司干了多年，随着公司的日渐发展和壮大，她也从一名普普通通的工作人员逐渐成为一名销售主管。

看到陈雨昔多年来对公司的忠诚及贡献，在一次绩效考核之后，总经理和人力资源部门商议要将她提升为公司的区域销售经理，负责管理公司的所有营销工作。当总经理就此事找到他进行谈话时，没想到她竟然婉言拒绝了这次提升。

私下里，她对朋友说："我并非不想升为人人艳美的区域销售经理，也并非不愿意得到更高的薪酬，但是我并不想在区域经理的位置上了此一生、不思进取。虽然在销售领域内我对销售团队的管理也算称职，可是一旦让我统一管理公司的所有营销工作，那我就会感到捉襟见肘了。要知道'有所为，有所不为'……"

后来，陈雨昔不仅没有走上区域销售经理的岗位，而且向公司推荐了她认为更合适的人选。果然她推荐的人当上了区域销售经理后，干得是有声有色。而陈雨昔仍然从事销售管理工作，只不过她已经不再是一名销售主管，而是一名负责管理总公司销售团队的培养和建立的副总了，在这一职位上她干得仍然是那么的得心应手。

成长是什么，成长就是今天的你减去昨天的你之间的距离和所得，在这段距离里，不仅记载着你的每一次欢笑和痛哭，更收藏着你曾经走过的点点滴滴。也正是这段距离，完成了你人生的一次次跳跃，它像一颗颗绽放在夜空的星星，装点着你曾经的天空。而成功呢，它仅仅是成长过程中的一两个点，没有这个点，我们依然享受着生活的酸甜苦辣。

二十几岁的女孩要知道，成功仅仅是人生的一两个点，相反，成长才是人生的全部。没有日积月累的成长，就不会有随随便便的成功。是成长让我们体会到了生命的多彩多姿，也是成长让我们离成功越来越近。可能有人会妨碍你的成功，却没人能阻止你的成长。换句话说，这一辈子你可以不成功，但是不能不成长。

我们每天都在成长，这是一个不断发展的动态过程。别期待自己能够永久生存在一个相对平衡的点上，因为平衡是短暂的，随时瞬间即逝。有太多东西我们难以把握，成长随时随地改变着周围的一切，即便是爱情，你与他都可能在下一刻画上休止符。但不要灰心，成长是可以把握的，我们虽然不能像鸟儿一样自由飞翔，但我们却可以享受奔跑的乐趣。

成长则意味着你自身的强大。它意味着你可以控制自己的情绪，管理自己的时间，掌控自己的人生；它意味着你更好地爱自己，更好地理解别人的爱，更好地爱别人；它意味着你有更宽广的胸怀来容纳世事，有更睿智的眼光去看清迷途，有更坚定的信念去固守责任……

生活中很多东西都在变化之中，包括引导和评判成功的主流价值观，让你无所适从、难以把握。但是成长却牢牢地握在你的手里，那是你对自己的承诺。

失去成功比退潮还快，而成长却是一棵树，只有根扎得深，树才会永远不倒。因此，年轻的女孩要记住，我们可以期望成功，但切不要盲目崇拜成功。相反，我们更应该关注自身的成长。因为只有我们一点一滴不起眼的成长，才成就了越来越成熟、越来越有魅力的你。仅凭这一点，我们还有什么理由不关注成长呢？

4. 别为了目的地，而忽略沿途的风景

在人生的旅途上，我们习惯注视前方，却忽略掉沿途的风景。世俗的观念在于追逐结果，而审美领域则推崇过程。生命本有始有终，呱呱坠地只是瞬间，死亡也不过眼皮一张一合。而降落到归去的过程，才被称为生命。既定目标，抵达梦想，这是我们普遍的愿望，但我们不能忽略掉想要与得到之间的重要环节。

"勤学如起春之苗，不见其增，日有所长；辍学如磨刀之石，不见其损，日有所亏"。从懵懂到成熟，需要花费一生的时光。

人生无定向，热气球虽可以高飞，却无法掌握航向，飞去哪里，在何处着陆只能听天由命。但这也正是热气球的魅力所在，既享受飞向高空的自由，又对未知充满惊心动魄的遐想与期待，有着飞机永远无法诠释的刺激感。而我们对今后仍置身云里雾里，确定了方向，却无法确定终点，究竟能不能成功依旧未知，唯一能做的便是享受当下的过程。

中国女子羽毛球运动员张宁，1994 年就开始代表国家队出战，虽然一直在国家队待着，状态却不是很理想，只能在国家队任第三单打。但 2004 年在她 29 岁"高龄"时，她却达到了运动生涯的巅峰，取得了奥运会单打冠军。在参加奥运会之前这一年，她就已经多次在国际大赛中打得那些世界著名运动员得不到 1 分。

记者问她状态如此之好的原因。她说："原来我是为取得好成绩而训练、比赛，现在我是喜欢羽毛球运动，我能够享受训练和比赛。当注重过程了，你就会赢得这个比赛。"

人生的几十年漫漫旅途，最后的终点都是一样。然而很多年轻的

女孩在前行的道路上都容易重结果而轻视过程，认为过程是手段，结果是目的，没得到好的结果就是失败。其实过程是漫长的，结果是短暂的，人不能为了"短暂"，而放弃"漫长"。

旅途的过程，是无比欣悦、充实的。每一句叮嘱、每一份友情都是我们的财富。享受过程所带来的喜悦，不要注重结果。只要你觉得自己从过程中受益良多，并不是虚度光阴，那么你就是胜利者。每一次比赛，都要用心去体会，享受比赛过程带给你的喜悦。如同巴特尔所说："我注重享受过程。"

有个年轻的农夫要与情人约会，但小伙子性急，来得太早，又没耐心等待。他无心观赏明媚的阳光和鲜艳的花朵，一头躺倒在大树下长吁短叹。忽然他面前出现了一个须发皆白的老者。"我知道你为什么闷闷不乐。"老者说，"拿着这纽扣，把它缝在衣服上。你要遇着不得不等待的时候，只消将这纽扣向右一转，你就能跳过时间，要多远有多远。"

他握着纽扣，试着一转：啊，情人已出现在眼前，还朝他笑送秋波呢！要是现在就举行婚礼，那就更棒了。他又转了一下：隆重的婚礼，丰盛的酒席，他和情人并肩而坐，周围管乐齐鸣，悠扬动人。他抬起头，盯着妻子的眸子，又想，现在要是只有我俩该多好！他悄悄转了一下纽扣：立时夜阑人静……他心中的愿望层出不穷：我们应有座房子。他转动着纽扣：房子一下子飞到他眼前，宽敞明亮，迎接主人。我们还缺几个孩子，他又迫不及待，使劲转了一下纽扣：日月如梭，顿时已儿女成群。他站在窗前，眺望葡萄园，真遗憾，它尚未果实累累。偷转纽扣，飞越时间，生命就这样从他身边疾驶而过。还没有来得及思索后果，他已老态龙钟，衰卧病榻。

人生就是一个不断实现目标的过程，结果并不重要，重要的是我们在行进的过程中领悟到的人生真谛。20几岁的女孩不要把人生的

第3课 成长比成功更重要

目标拘泥于大目标上，总想着去干一些所谓的大事。其实事情的重要和不重要，是大事还是小事，只是你自己的一种界定，能够让你快乐的事，能够让你投入心力、投入热忱的事，那也就是大事，那也就是重要的事。所以，很多时候，我们不必急于看到结果如何，重要的是安然享受过程的乐趣，这样的人生才是真正有意义的。

第4课

先有健康然后有美丽

如果没有一个健康的身体，那么无论你怎样修饰打扮自己，也无法打扮出最自然、最健康的美。所以，女孩们不要透支后天的健康来换取今天的美，否则随着年龄的增长，你必将为健康埋单。

1. 从关爱自己开始

想要学跳舞，想要射击，想要歌唱，想要成为旅游达人……想要的太多，最首要的就是保持身体健康，而这第一步必须学会关爱自己。我们有梦想，有目标，想成功，更想保持女人的天生丽质与幸福，那么从此刻起就要学会关心自己生活的点点滴滴。

因为工作过度劳累，拖着一身筋疲力尽，无力照顾家人孩子，而平衡的生活将倒向深渊。一旦婚姻或者家庭出现问题，想要全身心地投入工作中，恰如白日做梦。女人身上的担子并不比男人轻，在这种种责任感的驱使下，能够保持身心健康更是难上加难。原本活力无限的身心在不规则的饮食、熬夜、烟熏火燎、争执等杂乱无章的生活中慢慢委靡。

确实如此，对于任何女人来说，只有健康才能算得上是美丽的，只有健康的女人才有资本去享受生活赐予的幸福。很多二十几岁的女人都希望自己成为林黛玉那样弱不禁风、让男人看起来天生就有保护欲的女人，殊不知，天下间没有一个男人会喜欢病快快的女人，林妹妹也只适合远远观望几眼而已。

身体和精神是息息相关的，二十几岁的女人要想成为他人眼中美丽的女人，首先就要从关爱自己的身心健康开始，只有拥有了健康的身体和容光焕发的精神面貌，你才能够从容应对来自生活和工作的压力。所以你一定要做到以下几点。

1. 早餐必吃

很多年轻女孩为了减肥连早餐都省掉了，这是非常不健康的做法。早上这顿饭，等于吃补药，是最重要的一顿饭，一定要吃营养早餐。营养早餐必须具备四样东西：谷类、豆浆、鸡蛋或肉，主食必须要有蔬菜加水果。假如只有两种以下的早餐，就属于低质量早餐。要知道，早餐营养不好，中午、晚上是补不回来的。

2. 不做烟鬼

为什么不吸烟的女人总是皮肤润滑细致，因为她们健康，她们懂得保养。吸烟的女人不如戒烟吧，看看你那干燥的皮肤，你可知，大清早起床就抽烟，危害尤其大。抽烟的人，气管炎、肺气肿、肺心病，甚至肺癌，这是死亡三部曲。为了做个健康女人，别做烟鬼！

3. 不要营养过剩

不要以为补多了营养对身体好，你得懂得，凡事物极必反。记住，吃多了大补的大鱼大肉，不仅对身体没有好处，还会造成消化不良，长期如此，肠胃蠕动很慢，容易造成便秘、上火、胃病等问题。等到那个时候，想要好的身体、好的皮肤、好的气色，那真是比登天还难。所以，一定要注意，吃饭有节制，营养过剩绝不是好事儿！

4. 不要乱发脾气

《黄帝内经》早就讲得很清楚："怒伤肝，喜伤心，悲伤肺，忧思伤脾，惊恐伤肾，百病皆生于气。"经常生气的人一定内火旺，而且皮肤、气色、五官都会发生变化，经常生气，整个人会变得丑了很多。所以，二十几岁的女人一定要做情绪的主人，不要让情绪驾驭你。

5. 多走路

走路是非常好的锻炼方式，而且最简单、最经济、最有效。当然，走也是有讲究的，不要太快，也不要太慢，速度适中，走路不仅活动了身体，还让你的心情更愉悦。长时间坚持，身材会保持得很好，而且气色越来越好，坚持下去，看起来自然就会更年轻！

6. 常常微笑

常常微笑的女人与不爱微笑的女人相比，不仅看着漂亮亲切，而且不容易有什么大的情绪波动，对身体器官的运行非常有感染力。常微笑的女人，心情更好一些，身体也更好一些，连长相也会慢慢变得越来越好看！

7. 保证充足的睡眠

有人曾做过一个"中国现代职场女性的调查"，在调查中发现，60％的职场女性是受失眠困扰的。这是一个严重的社会问题，说明身心压力大到某种程度，已经伤害到健康了。现在的年轻女孩都喜欢熬夜，殊不知，睡眠对健康来说意义重大。只有保证充足的睡眠，才能够健康美丽双丰收。当然，睡眠也有讲究，比如睡觉前不要生气，不要喝咖啡和茶，不要做剧烈运动等。

健康的女人宛如一株清新怡人的白玉兰，自自然然的活力美感带给人一种很舒心、很惬意的感觉，值得久久地回味。健康女人的美是永远的，即使容颜老去，美丽依旧。健康的女人才可能是美丽的女人，美丽的女人必须是健康的。所以，年轻的女孩不要再被种种不利于身心健康的坏习惯缠绕了，只有自己先关爱自己，才能得到他人更多的关爱。

2. 不要今天用健康换钱，以后用金钱换健康

二十几岁的女孩正是追逐俏丽容颜的时候，但随着岁月的流逝，美丽已经不再是运用化妆品就能够保持的，更重要的是健康，是内在的完善，更是将外在的美丽提升到更高境界——健康的身心、健康的理念以及健康的生活方式。

俗话说："金钱有价，生命无价。"现在很多年轻女孩为了减肥不惜一切代价，将身体弄得十分糟糕。我们这时候为了美丽不惜洒下重金，什么减肥药、美容院，能派得上用场绝不落席。可一旦健康出了问题，又要去哪里买来？医院？别忘记，是药三分毒。

1953年4月7日，世界卫生组织提出了"健康是金子"的口号，旨在号召人们重视健康，关爱自己，提高生活及生命质量。有时候想想，健康是比金子还要珍贵的，因为"千金散尽还复来"，可是健康和生命却是"一去不复返"的，一旦失去，再先进的高科技都无法使受损的机体恢复到原来的状态，就好比一张白纸，揉成团之后就再也无法恢复到以前的平整光滑。

马克思在读大学时就曾接到父亲这样的一封信："……祝你健康，在用丰富而有益的食物来滋养你的智慧时，别忘记，在这个世界上，身体是智慧的永恒伴侣，整个机器的状况好坏都取决于它。一个体弱多病的学者是世界上最不幸的人。因此，望你用功不要超出你的健康所能容许的限度。此外，每天还要运动运动，生活要有节制。我希望，每次拥抱你的时候，都会看到你是一个身心越来越健康的人。"

IBM公司的前总裁托马斯·沃森患有心脏病，在一次发病之后，医生建议他住院治疗。"我怎么会有时间呢？"他一听医生建议他住院，就焦躁地回答，"IBM可不是一家小公司啊！每天有多少事情等

着我去裁决，没有我的话……"

"我们出去走走吧!"这位医生没有和他多说，亲自开车邀他出去逛逛。不久，他们就来到了近郊的一处墓地。

"你我总有一天会躺到这儿的。"医生指着一座座坟墓说，"没有了你，你目前的工作还是会有别人接着来做。你死后，公司仍然会照常运作，不会就此关门大吉。"沃森听后沉默不语。

第二天，这位在美国商场上叱咤风云的总裁就向IBM的董事会递上了辞呈，并接受了住院治疗，出院后又过着休闲自在的生活。IBM并没有因此倒下，至今依然世界闻名。

列宁曾说过："身体是革命的本钱。"现代社会，种种迹象表明，现在注重健康的多为上了年纪的老人，而二十几岁的年轻女人则看重的是怎样赚钱，从而忽视了健康。在很多年轻女孩的思想意识里，总认为年轻、身体状况好就是本钱，对自己的生活方式不加以约束。国外有研究表明，20年前的生活方式，决定20年后的身体状况。年轻时，如果不注意养成健康的生活方式，就会陷入"前辈子以命换钱，后辈子拿钱换命"的境况。

年轻是资本，但万不可拿青春去做赌注，去换取所谓的高档生活，如果一味地去挣钱，换来的将是以后精神上的空虚和身体上的空头支票，到头来悔之晚矣。其实在我们的内心世界，无论何时何地何境况，都应时刻固守我们那片纯洁的"心灵家园"。只有在精神健康的前提下，我们才能有足够的能力去完善自己的身体健康。在现今的条件下，金钱能买来一切表象的东西，但年轻的女孩们不应该忘记，精神生活和健康的体魄是无法用金钱来兑现的。

3. 与亚健康说再见

一些女孩子虽身在不同的岗位，却同样忙忙碌碌，看上去风风火火，活力四射，实则"外强中干"，美丽的外表下，是一具疲于应对、精神匮乏的身躯。

据世界卫生组织的一项调查表明，现在真正健康的人约占总人口的15％左右，而真正被医生确诊患有疾病，属于不健康状态的仅占15％左右，剩下的70％的人处于亚健康状态。

什么人容易处于亚健康状态呢？据一项调查显示，高知识分子、企业管理者的亚健康发生率高达70％以上，而且步入中年的人群处于亚健康状态的比例也接近于50％。卫生部门曾对10个城市上班族进行了调查，发现处于亚健康状态的人占48％，其中沿海城市高于内地城市，脑力劳动者高于体力劳动者。

生活中我们总是听到一些职业女性喊累，工作的时候也没有精神，上班的时候想睡觉，晚上却又睡不着，而且常常感到全身乏力、眼睛疲劳、头痛，还动不动就头晕眼花、便秘、胸闷气短等，可是到医院做了全身检查却还是没有查出什么毛病来，因为各项指标都在正常的范围内。医生说她们没病，可是自己却又感到浑身不舒服。

这种情况也许不是生病，只是由于种种原因，她们将自己推向了亚健康的边缘。亚健康的形成有很多的因素，如环境污染、过度疲劳、紧张的生活节奏、不良的生活习惯等。正是因为这样的情况让很多职业女性产生了恐慌，加之现在随着亚健康人群的增多，各种保健品也席卷而来。于是为了自己的健康，职业女性们都乱补一气。虽然保健品具有滋补的作用，但是大多数都是具有副作用的，长期使用对人体的伤害还是很大的。要摆脱亚健康的状态，主要的还是要靠自己主动采取措施。

营养均衡是增强免疫力的基础。首先，保证每日摄取适量的优质蛋白很重要。在日常生活中，可以增加鱼类以及大豆制品的摄入量，如豆腐、豆腐干和素鸡等食品。其次，多吃新鲜绿叶蔬菜和水果，它们含有丰富的微量元素、维生素和膳食纤维。

维生素 C 和维生素 E 能消除自由基，起到抗氧化、防止衰老的作用。各种维生素 B 族则主要是维持身体正常的新陈代谢不可缺少的辅酶辅基，它参与糖、脂肪、蛋白质的代谢，为我们提供能量和营养物。另外，保证各种无机盐和微量元素的摄入，钙、铁、硒等都是重要的矿物质。

没有任何一种食物能全面包含人体所需的营养。因此，适当补充优质蛋白质、膳食纤维等补充性食品，才能做到真正的营养均衡。美国食品与药品监督管理局表示，豆类食品能提供"完全的"蛋白质，所以大豆是良好的蛋白质来源。综观国内的蛋白质营养市场，仍以植物蛋白和动物蛋白为主。大豆是最好的植物蛋白来源，其氨基酸含量丰富。

蛋白质广泛存在于鱼、肉、蛋、奶、大豆等食物中。现代人的生活方式导致蛋白质摄取的绝对数量可能并不少，但蛋白质的质量和来源值得我们重视。因为大多数人摄入的是动物性蛋白，在摄入动物蛋白的同时，也有过多饱和脂肪（尤其是对人体有害的饱和脂肪）、胆固醇及动物体内残留的杀虫剂、抗生素、农药等进入体内，大幅度增加各种疾病的风险。

预防亚健康的关键除了补充优质蛋白质以增强免疫力外，养成良好的生活习惯同样重要。专家为此给大家开了一个"健康处方"：坚持吃早餐，注意营养均衡食物多样化，多吃粗粮、杂粮、新鲜水果和蔬菜，少油、低盐、低糖，保持热量均衡；每天坚持适量运动，每天活动最少消耗 300 大卡至 500 大卡；每天要喝足够的水，最少 1500 毫升以上；多做户外活动，接受自然阳光照射；节制不良嗜好，不吸烟，不饮酒；劳逸结合，保持良好的休息习惯和有规律的睡眠。

4. 开始注意饮食，多看一些关于养生方面的书

大街上铺天盖地的养生馆、营养快餐、养生汤、养生粥铺等店面，标志着生活时代的又一转向。二十几岁的女孩别以为那些店铺专门为老年人所成立，实则是在警告貌似活力四射的我们，身体健康才是创造一切本钱的资本，而注意饮食是维持身体健康的重要环节。

然而在现在快节奏的生活里，很多年轻的职业女性都过着"快餐生活"，肯德基、麦当劳成为了首选，晚上加班回家，吃的也是从超市买回来的速冻食品，毫无营养价值可言。虽然现在社会竞争压力巨大，但是饮食却是生活中的重要组成部分，食物是健康身体的基石，而饮食是健康的关键，也是保持健康的第一要诀。所以，年轻的女孩不要为了节省时间而不注重饮食，要想保持健康的身体，你就必须注意饮食和养生。因此，有时间一定要多看一些关于养生方面的书籍。

宋美龄以保养得当著称，虽然她曾因为乳腺癌做过两次手术，但是她能活到 106 岁，与她注意健康饮食是分不开的。

她每天的食谱是：早上一杯牛奶，两片面包，还有一小碟用类似四川泡菜方式制作的芹菜、胡萝卜等小菜；午餐只吃一两饭，主要吃青菜、豆腐等素菜，荤菜只吃一点鱼或牛排；晚餐与午餐差不多。

宋美龄对于生吃蔬菜非常有研究。她认为煮熟的菜类虽然便于消化，但这些蔬菜的细胞和组织结构大多都在加温过程中分解或遭到破坏，营养价值无疑已经不能与尚未加热的菜类相比。例如素有蔬菜之王美名的菠菜，就是宋美龄每餐必用的，她认为菠菜不但含有较多的蛋白质，而且还有多种维生素和矿物质。

宋美龄很注重饮食质量，少食多餐，每餐两荤、两素，每天必须就 5 次餐，每一次进餐只吃五分饱，即使再喜欢吃的食物，也绝不贪

食。她几乎每天都会用磅秤称体重，只要发觉体重稍微重了些，会立刻改吃青菜沙拉，不吃任何荤的食物。

在宋美龄的饮食中，每天三餐之后的苹果是必不可少的，每次饭后均食一个。后来随着年龄的增长，她每天所用的数量逐渐减少，不过吃苹果的习惯是自始至终的。

宋美龄还有一个饮食习惯，就是每天都会喝一碗燕麦粥。即使是晚年在纽约蝗虫谷孔氏大宅生活的时候，她仍然保持着每天早晨喝燕麦粥的习惯。

从宋美龄的养生之道中，我们可以看出，要想保持安康的身体，养成良好的饮食习惯是非常重要的。二十几岁的女孩工作压力大，夜生活频繁，身体经常处于透支状态，所以，应当在平时就做好膳食调理。

1. 健脑饮食

白领女性在工作中由于精神压力较大，易觉疲劳，可出现神经衰弱综合征。因此，要注意健脑饮食。首先，应多食含氨基酸的鱼、奶、蛋等食物。因为氨基酸能保证脑力劳动者的精力充沛，提高思维能力；其次，宜多食些富含维生素C的食物，如水果、蔬菜和豆类等；再次，适当补充含磷脂的食物如蛋黄、肉、鱼、白菜、大豆和胡萝卜等，此外，多吃葱、蒜亦有良好的健脑功能。

2. 平衡营养

每日一袋牛奶，内含250毫克钙，可有效地补充膳食中钙摄入量偏低现象；每日摄入碳水化合物250～350克，即相当于5～7两主食；每日进食三到四份高蛋白食物，每份指：瘦肉1两、鸡蛋2个、家禽肉2两、鱼虾2两，以鱼类、豆类蛋白较好；每日吃500克新鲜蔬菜及水果是保证健康、预防癌症的有效措施。蔬菜应多选食黄色的，如胡萝卜、红薯、南瓜、番茄等，因其内含丰富的胡萝卜素，具有提高免疫力的作用；多饮绿茶，因绿茶有明显的抗肿瘤、抗感染作用。饮食原则应有粗有细（粗细粮搭配）、不甜不咸。合理安排饮食使身体既健康又美丽。

3. 减肥降脂饮食

年轻女孩多注重减肥，通过控制饮食可达到减肥目的。可以补充大量的膳食纤维素，如各种豆类和谷类、粗黑面包、燕麦麸、卷心菜和韭菜等。多吃水果和蔬菜，如樱桃、草莓、柚、桃、梨、莴苣、芹菜等。适量摄入蛋白质如低脂类的大豆、鱼禽肉、酸乳酪蛋白质。学会少吃多餐，少吃零食，减少糖分的摄入。

降血脂要少吃动物脂肪或含胆固醇较多的食物，如肥肉、动物的心、肝、肾、脑、鱼籽、蛋黄、鹌鹑蛋、鱿鱼、鳗鱼、牡蛎等，尽可能食用豆油、菜油、麻油、玉米油等，不要食椰子油。多吃富含维生素、蛋白质的食物，如瘦肉、鸡肉、鲤鱼、鲍鱼、豆制品等。少吃蔗糖、果糖及含糖的甜品。多吃黑木耳、麦粉或燕麦片，它们具有良好的降血脂作用。

5. 选择适合自己的运动并坚持下去

有人说认真的女人最美丽，其实充满运动活力的女人同样是众人羡慕的焦点。恰到好处的运动能让女人体态轻盈、匀称健康。生命在于运动，这是我们经常说的老话。但是，只有找对属于自己的运动才能很好地强身健体，所以，每个年轻的女孩都应该积极投身到运动中来，挑选一种适合自己的运动，并长期坚持下去，相信一定会有意想不到的效果。

蒋雯丽是演员众人皆知，可是你知道吗，蒋雯丽的运动经历比她的演艺生涯还要长，幼时学体操，学生时代又练过跳高，现在的她则是积极的瑜伽练习者。她始终认为，运动着的女人是迷人的。

蒋雯丽大学期间一直进行形体训练，就是当了演员、成了明星之后也没有放弃体育锻炼，以保持身材、增强体质。虽然成为明星之后，绝大部分时间都被工作占去了，但她仍然在少之又少的闲暇时间里运动。"我尽可能去健身房，如果时间不允许，就在户外跑跑步，简单地做一些身体的抻拉动作。有一次在青岛拍戏，我就在拍戏的间隙在片场里跑了起来。"

问及最喜欢的健身项目时，她说："我目前最喜欢的是瑜伽，其次是游泳。瑜伽练习可以使自己全身心地投入，排除杂念，通过姿势、冥想、调节呼吸等练习，使自己达到一种物我两忘的境界，有利于净化心灵，增加活力，始终保持一种很好的状态。"实际上，蒋雯丽在影视剧中的表现已经证明了健身对她的积极影响，她总是显得精力充沛。

她认为，身为一个艺人，良好的体形、平和健康的心态是非常重要的，因为艺人的公众形象不仅关乎自己的利益，在某种程度上也影响着公众。她希望那些公众人物都能够认识到这一点，积极地加入到健身运动中来，这样做不仅能够延长自己的艺术生命，也能够把这种健康向上的生活方式通过自己的影响力传达给大众，使更多的人拥有健康。蒋雯丽很想对所有热爱生命的人说一句："选择并坚持健身吧，你会得到丰厚的回报。"

说到健康，谈到运动，全国政协委员邓亚萍说，要倡导大家动起来不是一件容易的事情。"尤其是年轻人，生活节奏很快，没有太多的时间来运动。"她劝说大家，运动意识很重要，别等到自己的体能不行，精力不够了，才想着去运动。"要尝到运动的甜头。"邓亚萍说，从运动当中，你能得到快乐，能得到很多启发，而且通过运动还能结交很多朋友。

科学而适宜的运动可以使我们拥有更柔韧的骨架、更强壮的脏器、更年轻的大脑和更饱满的情绪，使我们生活得健康、美丽、幸福、长寿，最可贵的是——远离疾病。下面就给大家介绍几种适合女性的健康运动。

1. 慢跑/散步

不需要太大的投入，却可以有很大的收益，如果你热爱运动或者热爱减肥的话，最好选择跑步。如果你没有时间的话，建议你把每天的晨练放在上班的路上，最好是能走路就不要坐车。它对心脏和血液循环系统都有很大的好处，每天保持一定时间的锻炼（30 分钟以上），会有利于减肥，最好的方式是跑、走结合。

2. 自行车

有效地把健身与我们每天的生活结合在一起，这是一项最易于坚持的运动方式，它可以锻炼你的腿部关节和大腿肌肉，并且对于脚关节和踝关节的锻炼也很有效果，同时，它还有助于你的血液循环系统。

3. 高尔夫

高尔夫一贯被认为是绅士的运动，其实，它对于女性也同样适合。优美的场地环境、适中的运动量让你的身心都得到了锻炼。这项运动是和散步紧密结合在一起的，在一个拥有 18 个洞的球场里，你走路的距离会达到 6～8 公里；挥杆的动作有助于你身体的伸展；此外，美丽的球场更会使你心情舒畅。但是，本项运动的开支投入比较大。

4. 排球

排球会使我们的头脑更加灵活，它是一种艺术，它的魅力就在于它需要集体的努力。适合 35 岁以下的人群，毕竟它的运动强度很大。会使你的个子越长越高，所以建议你尽早加入这项运动。它对臂部肌肉和腹部肌肉的锻炼效果尤为明显，同时，对你的灵敏性的提高也很有帮助。

现在很多年轻女孩都不爱运动，这是毋庸置疑的。因为运动过程中累不说，还会流汗，第二天又会肌肉酸痛，再加上工作忙没有时

第 4 课 先有健康然后有美丽

间，所以很多女孩的生活都避开了"运动"这么一件事。这是不对的，缺少适量的运动，会使身体慢慢"生锈"。灵活度下降不说，还少了一个大量排泄，排走身体毒素的机会。所以长久不运动的你应该考虑做一下简易的健身操或者有氧运动，有时间要出去走走，因为健康的体质锻炼是开启女性魅力的一把金钥匙！

第5课

内外兼修，让美丽经得起时间考验

女孩的青春美貌只有短短的数年，不能因为有了美貌就陷入自满中。如果你想做一个优秀的女人，那么还要有内在的智慧，只有内外兼修，才经得住时间考验。

1. 花瓶如果摆在合适的位置，它就是艺术品

女孩天生丽质是一项难得资本，而二十几岁的女孩更是将这种美丽发挥到极限的最佳时期。漂亮的外表不是每个女孩都具备的，虽然有些人只将花容月貌的女孩看做易碎的花瓶，但是花瓶如果摆在了合适的位置，它同样是价值连城的艺术品。

青春只有短短几年，如果我们能够对其合理利用，它将成为摆脱困境与磨难的最有力武器。但女孩不能凭借闭月羞花的美貌就骄傲自满，肆意沉沦，真正优秀的女人需要内外兼修，可能够合理利用自己的美貌也不失为一种高明之策。

女人的美貌的确是一件武器，也是美丽女人的优势之所在。很多时候，美貌也能够帮助女人成就一番大事业。但是现实生活中，很多年轻的女孩认为自己长得漂亮，总是摆出一副清高冰冷的模样，让人觉得不易亲近，或者干脆靠青春美貌吃饭，这无疑是一种浪费。

年轻的女孩应该珍惜现有的时间去努力奋斗，就算是花瓶，也要摆对自己的位置，只有这样，你才能成为人人羡慕的美丽的成功者。美丽是一种优势，但如果没有很好的心智，没有正确处理好同周围的人际关系，漂亮也会变成劣势。

虽然是以性感的身材曲线打开知名度，但是她充满阳光感的邻家女孩式笑容是最令人百看不厌的画面，行销人林文钦称之为"甜死人不偿命的笑容吸引力"。

也许在她刚刚出道的时候，很多人都称其为"花瓶"，对此，林志玲自有一番解说："我不介意被人称为花瓶，这起码可以说明我给

人的第一印象很好。女人不应该排斥能让自己更光彩的小妙招，比如撒娇。既然撒撒娇可以让你变得更可爱，能让你更有风情，为什么要抗拒呢？"

在《刺陵》开拍之际，曾一度传出孙红雷因"不跟林志玲这种'花瓶'演对手戏"而拒绝出演该片。于是在《决战刹马镇》的开机发布会上孙红雷在现场遭遇媒体质问，林志玲在听到这个问题后，用她独具特色的嗲音笑着表示："这个问题好尖锐啊。"然后转过头微笑地看着坐在身边的孙红雷。孙红雷先是否认，当台下有记者高喊"有说过"后，孙红雷则显得有些慌了手脚："我没说过，不然现在我们也不会坐到一起……你下面的问题是什么？把我弄得太紧张了。"

不过一直面带微笑的林志玲似乎不愿意"这场戏"早早收场，适时地抛出一句："这句话我听说过。"引来台下媒体一阵起哄，不过林志玲接着则以妙语为孙红雷解了围，"我想这是别人放在红雷大哥嘴中说出的话，现在我们能坐在一起就是最好的证明。"一番话再度得到媒体的"掌声鼓励"。

被人称为"花瓶"，林志玲毫不介意，因为她用事实向人们证实了她并非实实在在的"花瓶"，她努力，她一直坚持不懈，让人们看到了美女花瓶的成就。这一切都源于她找准了自己的位置，并没有单靠"花瓶"吃饭。

二十几岁的女孩也应当有林志玲这样敢于证实自我的果敢，漂亮是你与生俱来的优势，只要你找到了自己的位置，并为之付出努力和坚持，总有一天你也会成为光彩夺目的艺术品。

第 5 课　内外兼修，让美丽经得起时间考验

2. 穿出来的亮丽风采

回想起《花样年华》中张曼玉的神韵，身着旗袍，永远澄静淡雅，丝毫没有张扬的锋芒，如花美眷，姹紫嫣红开遍，向世界展示了女性美丽、聪慧、优雅、高贵、知性的一面，高高的衣领硬撑起孤傲的自尊，玉琢似的玲珑无瑕，雪雕般的晶莹剔透。

张曼玉的优雅是由内而外且连绵不绝的。她是优雅淑女的典范，尤其是在这种精致越来越稀缺的今天。张曼玉可以驾驭任何姿态：简约的、典雅的、华丽的……每一种风格都诠释得恰到好处。这就像她作为影视界影后，拥有着各种令"天下女人"歆羡的侧面。在知性、睿智、女强人这些标志背后，张曼玉也有精于时尚的一面，信奉考究、经典的着装品位。她的时尚不只流于表面，那是种融化在教养与气质中的风度。

所有的年轻女孩都应该找到适合自己的服饰风格，不一定要周身名牌，也不一定要紧跟流行，重要的是你要展现自己的独特风采，穿出别具一格的韵味，只有这样，你才能像张曼玉一样吸引大众的目光。

现在的很多年轻女人，常常流连于衣橱，一有时间就到商场狂购，似乎永远都有买不完的衣服，而实际上，有很多衣服买回家一次都没有穿过。虽然当时惋惜感叹，甚至说自己浪费，但是年轻的女孩们对衣服的追求依然孜孜不倦。

年轻的女孩为何永远都奔波在寻找漂亮衣服的路途中？那是因为她们还没有找到适合自己的风格和搭配款式，只要你稍微冷静理智一点，就不会再有"永远没有衣服穿"的想法了。

服装搭配是人的品位、感情、心态、个性、身材、气质等集中的物化，它也和设计服装一样是一种艺术，同样需要了解基本常识和正确地实践运用。不论休闲装还是时尚的衣服，都要按照身材和肤色进行搭配，这样才更适合自己。

（1）身材娇小者不宜穿大格子图案和宽松的长裙，因为大格子图案与宽松的长裙都会加宽人体，使人显得更加低矮。最好选择小花图案或单色的合体服装，窄裙或瘦长裤，都可使身材显得修长。

（2）太瘦的人不要穿竖条纹服装，可以选择横向条纹的，或浅色服装；服装的款式以短上衣搭配百褶裙或八片裙、肥腿裤等，力求造成曲线美，而不致看上去像竹竿一样。

（3）身材丰满者不宜穿质料厚重的衣服，如厚毛衣会使人显得臃肿；也不可选择过于宽松的款式，以薄型合体的服装为宜。另外，上衣应选择 V 字领口和长过臀部的款式，下身则以直筒裤为最佳选择。

（4）腿部较短的人，应以短上衣搭配背心裙，修正长度，最好不要选择裤装，且尽量采用高腰设计款式。胖人如欲隐藏微凸的发胖肚子，应采用深色系列服装的搭配，如衬衣、毛衫皮带、长裤、外衣皆是深色，而领部可以选择亮丽的领带和鲜艳的丝巾等，以吸引别人的视觉焦点。

（5）臀部宽而丰满者，应选择长衫、宽松的长外衣和长风衣，切忌强调臀部的曲线。女士不可选择短上衣，瘦腿裤。总之，加长上衣的长度，隐藏臀部，形成长而完整的线条是最佳方案。

（6）矮胖体型的人可以多穿一些套装形式，色彩尽量简洁，以深色、中性色为主，避免花哨。注意上下身衣服颜色不要面积相等，以免把整个身子分成两个部分，显得更矮。把整套衣服的修饰重点放在颈部、头部等腰线以上的部位，可以把视觉点往上提高，使人看起来显得修长些。

（7）肥胖体型的人穿深色或素雅的颜色令身材显得苗条灵活些，在上下身的色彩比例搭配时，要注意裤、裙的色彩不要比上衣浅，否则会给人胖上加胖的感觉。

第 5 课 内外兼修，让美丽经得起时间考验

（8）高胖体型的人穿中性色彩衣服可以显得匀称些，避免穿紧身服，可以选择上身偏长的合体套装。

（9）衣服买回家，穿到身上，这只是完成了我们的第一度创作，要想让普通的衣服穿出你独有的风格，后期的细节装饰就显得非常的重要，配饰中最常见的就是丝巾、胸花和胸链了，所以我们每个人应根据我们的色彩和款式风格多准备一些和不同衣服搭配的饰品，这样你的服饰搭配才能做到很出色，但是在配带饰品时要注意不宜太多，不要挂得像棵圣诞树，不能超过十六个亮点，十二个为宜。

一个女人的服装如果不适合自己的个性，尽管满身名牌、珠光宝气，她仍然是空洞乏味的，让人感觉只是一具没有灵魂和魅力的躯壳，甚至是庸俗和令人生厌的。所以，选择服装，不要选流行，也不要选漂亮，而要选适合自己的。合适的服装才能衬托出你的优点，才能穿出你的特色和风采。

3. 让智慧彰显外在的美

一个人的精神面貌，即她的内心生活，就能很好地指导其生活的外在表现。当我们认真地对待生活中有意义的事情时，往往视角就不会只停留在其表象，而会换一种眼光来更深刻地看待它。女人的智慧更能促进其外在的美，这种美不仅仅是表面的漂亮，而是一种和谐的美、一种本质的美。

漂亮的外表的确是一种优势，但这个世界上那种天生尤物毕竟不多。大多数的芸芸众生都是相貌平平，这些相貌平平甚至有些丑陋的女人所表现的美，就是其内在的品德修养所散发的气质与智慧。因此，中国台湾作家曹又方曾说过："女人可以不美丽，但不能缺乏智慧。"

而且，相对于男性，命运在给予了男人强大力量的同时，也给了女性另一种力量——智慧。如果说男人是用武力改变世界的话，那么，女人是在用智慧改变命运。可见，智慧作为女人改变自己和世界的内在力量，它是不可或缺的。

韩国励志剧《大长今》的女主角长今，并没有倾城倾国的姿色，只能算得上一般。而长今之所以能深入人心，成为妇孺皆知的女性，正是因为她具有非凡的智慧。

是智慧，赋予了长今一种任何人都无法模仿的内在美；是智慧，赐给柔弱的她以巨大的力量来改变自己不幸的命运。事实上，长今谱写的辉煌人生，正是她凭借女性的智慧争取到的。

出身贫困的长今，没有与生俱来的才华，也没有条件上学堂学习。她的知识是在现实生活中一点一滴地学来的，她取得的每一点成就都是通过个人不断地努力而取得的。让人感触最深的是，长今的智慧处处闪耀着人性的光辉：为了追求美好纯真的未来，她在逆境中努力学习和拼搏，不断地忍辱负重，坦诚地面对现实。

智慧让长今拥有了安身立命的根本，她凭借极强的专业性学习能力，专注研究文学、医道和膳食，有了生存的技能。尤其是她不顾性命危险帮助平民百姓，救治传染病人的大无畏精神更值得称道。这就是智慧改变命运的最好例证。

平时待人接物上，长今的"简单"是智慧的升华，是人们推崇的"大智若愚"和"大智慧"。只有这样的人，才能做到不计个人恩怨，不拘生活中的小节，无论遭受多大的屈辱，都能一笑置之。智慧使长今对任何人都善良、宽容，对爱情执著、坚贞不屈，使她能够在遭受误解、陷害和打击时，绝处逢生。其实，长今身上体现的女性的美善、宽容都是智慧的化身。

因为长今身上具备了智慧，才让她柔弱的女儿身变得强健有力。

而正是这种力量，让她在集中了最优秀的人才、最错综复杂的利害关系、最能考验人的智慧与胆识的宫廷中脱颖而出。在长今的人生路上，她以女性的坦诚、柔软、单纯与宫廷的威严、强大、复杂，相互制衡又相互影响。可以说，长今的人生正是智慧将其变得瑰丽多彩、传奇圆满。

西晋陆机曾这样评说智慧之美："石韫玉而山晖，水怀珠而川媚。"而在现实生活中，有很多女性条件优越，但她们的人生却渐渐坠入了庸常。究其根源，是因为她们身上缺乏女人的智慧。事实上，如果没有智慧的心灵为内核，一个女人也不可能成就真正的自我。

智慧是对外在美貌的镀金，将外在的美彰显得淋漓尽致，这种美不仅仅渲染是表象的漂亮，更是一种和谐的美、一种本质的美。纵使平凡的外表，在智慧的渲染下，同化出灰姑娘的美亦非童话。

女孩子的"漂亮"不能单单只局限于外表，最美丽的女人要具备丰富的内涵才堪称完美。有思想的女人永远不会成为时代的淘汰者，擦脂抹粉无法挽留赞赏者永久投注的目光，抛去这种妄念，唯有不断促进思想的进化，才能时刻给他人一种新鲜感及刺激感，才可时刻引起关注。

一些靠炒作蹿红的女人虽然曾叱咤网络，但是最终也无法逃脱世人的鄙视与唾骂。说到底，大多数人还是对美貌与智慧并存的小家碧玉型的女性有着长久的倾慕与欣赏，因为这种女人美丽却不媚俗，持家又懂生活。

美貌会凋谢，智慧却会增加。智慧不仅来自学历，更重要的是来自生活体验后的感悟和总结。人生不同阶段有它不同的智慧和理念，可以互补，但是不可互相代替。特别是在多元文化、高素质群体的大环境下，智慧更是脱颖而出的必备因素，因为视野一开阔，外表的美丽就在人们中习以为常了。而且，如果一位美丽的女人不把美丽作为利用的资本，而是靠实力进取，那么她才是智慧的美人。

所以，二十几岁的女人不要单单沉醉于自己漂亮的外表上，因为随着时间的流逝，美丽的外貌也会渐渐老去，但是经年累月的智慧却会随着时间的推移让你变得更加魅力十足。

4. 美来自内心，美源于生活

我们经常把随着年龄增长但魅力不减的女性称为"时光雕刻的美丽"，即是说她们的美丽是经得起时间考验的。

人的美丽有两种最基本的划分：一种是外在的形貌美，一种是内在的心灵美。追求外在的形貌美是人的天性，不应加以禁锢、压抑，而应该从美学上加以积极引导。而心灵的美可以给人留下难以磨灭的印象，它操纵、驾驭着外在美，是人之美的源泉。正因为有了内在美，人才能真正成为完美的人，才能让人产生由衷的美感。

孟子将内在美理解为"充实"，"充实之谓美，充实而有光辉之谓大"。人们如能"善养吾浩然之气"，就能不局限有限的身体而飞跃到内心充实的境界，所以，内在美比外在美更具有无可比拟的深度与广度。

近代才女林徽因在晚年饱受病痛折磨，憔悴不堪，但她由于饱读诗书而造就的那种清灵超逸的气质却打动了无数的人。直到今天，我们已然将对她的回忆定格在她那张灵秀的笑脸上，并由此充溢着对唯美的憧憬。

女人的内在美是女人最长久的魅力，好的内在气质能让女人变得格外动人美丽，由此可见，真正的美源于内心，源于真实的生活。注重内在的修养对女性来说是至关重要的，相由心生，我们的容颜和气质最终是靠内心来滋养的。美丽需要长年累月地培植，俗话说，30岁前的相貌是天生的，30岁后的相貌是靠后天培养的。红颜易逝，但源于内心和生活的美可以永存。

一个人的真正魅力主要在于特有的气质，这是一种内在的人格魅力。气质美首先表现在丰富的内心世界。理想则是内心丰富的一个重要方面，因为理想是人生的动力和目标，没有理想的追求，内心空虚贫乏，是谈不上气质美的。品德是气质美的另一重要方面。为人诚恳，心地善良是不可缺少的。文化水平低下也在一定的程度上影响着人的气质。此外，还要胸襟开阔，内心安然。

许多人并不是十分漂亮的美女，但在她们的身上却洋溢着夺人的气质美：认真、执著、聪慧、敏锐。这是真正的气质美，是和谐统一的内在美。不可否认，外在美能给人第一印象，外在的美丽可以吸引大多数人的眼光，但是，真正能永久让人记在心里的，还是一个人发自内心的美。

内在的美不是随便可以表现出来的，真正的内在美是源于生活中的积累。个人内涵修养、品质，凡经得起时间、空间考验的美，就是内在美，也就是真正的、永恒的美。内在美是深沉的，耐人寻味的。形容一个人有内在美，是对他的一种最高的赞美。

现在有一些二十几岁的年轻女孩注重外表的美，刻意打扮、粉饰一番，但一举手、一投足，甚至一开口，则粗俗不堪，令人不忍目睹，这时你会发觉她一点也不美；但有的女孩容貌平凡，穿着朴实，但举止合宜、言谈高雅，风采迷人，你简直被她深深吸引住了。这是为什么呢？原因在于后者具有内在美。内在美须经后天的培养，多读书、多充实自己、多体验生活、多思考，自然能凝聚成高洁、优雅的气质，而形之于外，使你犹如一个取之不尽、用之不竭的宝藏。内在美永不褪色，它对于年轻的女孩来说是非常重要的。

再美丽的花也会凋谢，再漂亮的女人也会失色。而有内在素养的女人会随着岁月流逝而显示出光泽，越加耀眼迷人。因为有内在素养的女人有充足的养分，那就是智慧、博爱、仁心、修养、自信和干练，更是情感的丰盈与独立。她不苛刻地审度万物，而是懂得在得到与失去之间慧心地平衡，知道让美丽在不同的时刻呈现出不同的状态，一生散发着无穷的魅力。

二十几岁的女人要想永久地得到他人的欣赏，光有漂亮的容貌显然是不足以长时间吸引他人的，而那些看起来长相平凡的女孩也不要因此灰心丧气，因为真正能够让你拥有无限魅力的是你内在气质的修养。如果你拥有了一颗美丽的心灵，如果你拥有了满腹的机智和才情，又有谁不被你吸引呢？所以，年轻的女孩从现在开始修炼自己的内在吧，真正来自内心，来自生活的善意行为，才能久久存在于人们的记忆中。

5. 让经历变成美丽

二十几岁女孩堪比日月的俏美容颜是显而易见的，但到了 30 岁，容颜减退，却依旧高雅脱俗的女人是在各种看似不利的经历中一层层蜕茧而出的。一个人的经历是储存于心底的精神食粮，"历练成精"是精灵的精、精气的精。当我们挣脱青春，不应哭诉渐逝的亮丽，眼神中应流淌沉着、智慧和不刺人的锐利。穿着不须张扬且精致得体，言行不焦躁，温文尔雅又条理清晰，充满对生活的憧憬与热情，如此女人才透出绝世的风姿与美丽。

当青春远去，女人的真美才崭露头角，而真美源自于内心。内心丰盈的女人其经历毕竟充实而开阔，而内心空洞的女人则始终生存在固定的圆圈内为了生活苦苦角逐。可以说，一个人的经历诠释一个人今后美丽的程度。

蔡琴做客《天下女人》时，观众看到她80年代刚出道时张着厚嘴唇，戴着大黑框眼镜的青涩模样，真的要感叹岁月反而让她平添女人的魅力与风情。

蔡琴说她那时对自己的模样没有太大信心，曾对观众介绍自己说："人们称那些不是最漂亮的女生有气质，再不济的称为可爱，实在不行就只能是善良了。我只能算是可爱的，而我看得出，大家都很善良！"一番话把观众逗得忍俊不禁。

蔡琴的美是在各种看似不利的经历中一层层破茧而出的。离婚、解约、眼睛受伤……每一次她都选择坚强面对，不回避那痛，直到把那痛唱出来，成为这焦躁年代抚慰人心的温情。因为痛过，所以懂得，也才能安慰。"你这叫历练成精！"柯蓝说。"是妖精吗？"蔡琴大笑。是精灵的精、精气的精，是比美丽更高的评价。

二十几岁，是一个如花的年龄。二十几岁女孩的美丽显而易见，如果再有一些优秀的品质会让美丽锦上添花。从懵懂的年纪走来，每个女人在经历过后都会像陈年的老窖，越来越香醇，也越来越有味道。二十几岁的女孩相信在经历过自己的人生之后，同样也会像她们一样变得淡定和从容。

在2010年浙商全国理事会年会上，《浙商》杂志、浙商财智女人会发布了"2010十佳浙商财智女人"榜。曾获"中国软件行业杰出青年"等称号的杭州世导科技有限公司董事长邱丽霞也荣获其中。她说："做女人很美也很有成就感，想想就感到很幸福。男人能做的事、能做好的事，我们也能做，也能做得很好，男人做不了的事，我们却能做而且能做得很好。只要我们努力去奋斗，去实现自己想要做的事，做个内外兼修的女人，我们每个女人都会很美。生活在有梦想的、幸福的环境中，做个有经历的女人就会更美。梦想是我们变成有经历的女人的前提，自信是实现梦想的动力，坚持是实现梦想的真理。"

在邱丽霞 16 岁的时候，就萌发了自己做老板的想法，她想用自己的能力去养活自己养活家人。做出决定之后，她就开始学习自己感兴趣的知识，当然也是后来开公司所需要的种种技能。

她在 17 岁的时候，拿到了财会证，18 岁的时候考取了驾驶证，19 岁后与朋友开建材店、服装店、出租车公司，同时学习外语，上人事及各类管理课程，然后做外贸。她曾在一篇文章中说道："我是个女人，当然希望有一个产品是可以让我们的工作和生活在 24 小时内能自主支配时间，又能不受空间、时间、地点的影响，能完成自己的工作也能让领导和同事都知道我做了哪些，工作效率如何，还能很好地照顾好孩子和家人，既能让用户降低运营成本，又能让人们轻松工作、愉悦生活的一个管理工具，我们终于找到并开发了一系列产品。"

在她的公司成立十周年的时候，她已经拥有了 30 多万的企业用户和上千万的个人用户，实现了她人生的第二个目标。她在招聘员工的时候不在意对方是否是没有工作经验的毕业生，她只希望他们能够努力，有足够坚强的意志力，虚心好学，具有良好的品质。只要员工拥有了这些，她就会给他们提供各种尝试的机会。尤其是面对年轻的女人，她说："尝试吧，女人因为有了不凡的令人回味的经历而变得更美丽，这份美是永恒的美！"

从一个小小的卵开始，毛毛虫经历多次的蜕皮，长大，然后成蛹。在某个风和日丽花香弥漫的日子，毛毛虫变成了美丽的蝴蝶，在众人的敬慕里，带着尊严与喜悦翩翩飞过大河，到达鲜花盛开的彼岸。

　　每个年轻女孩的人生都如同美丽的蝴蝶一样，总是在经历过惊涛骇浪之后才能成长，在风霜雪雨中感受到自己渐渐成熟的过程。人生的经历是一笔宝贵的财富，不管是喜是悲，我们都能从中有所领悟。只要我们永不退缩，勇敢尝试，现在稚嫩的年轻脸庞总有一天会在岁月的涤荡中显得更加美丽、更加智慧。

第 6 课

美就是找到自己

有句广告语这样说道：『爱你就等于爱自己。』如果你能首先肯定自己的优点，那么必然就会自信洋溢。每个女孩都有属于自己的独特韵味，都是上帝最爱的天使。

1. 不再模仿别人，开始学习定义自己

女孩到了二十几岁的年龄，就要开始学习定义自己是谁。衣服不能乱穿，事情不可乱做，只有找到了自己的合适定位，才能把你的光彩绽放得淋漓尽致，否则一切都是徒劳。

有一个小女孩，她历尽艰辛做梦都想成为一名歌唱家，只可惜她长得很丑，脸很长，嘴很大，牙齿又非常暴露。她第一次在一家夜总会面对众人公开演唱时，她一直试图把上嘴唇拉下来以遮盖住牙齿，期望能表现得好看一些，结果却适得其反，出尽洋相。

就在她自认为注定失败之时，夜总会里一个听过她唱歌的人觉得她很有天赋，并十分坦率地对她说："我一直在看着你的表演，并且明白你想掩藏自己，你是不是感觉自己的牙齿长得很难看？"女孩显得非常窘迫，可那男的依然接着说："长了龅牙并不是什么罪过啊！你不必试图遮掩，请勇敢地张开你的嘴，假如你自己不在乎的话，观众也会喜欢的，也许那些你想遮起来的牙齿还会给你带来好运呢。"

女孩接受了这个忠告，不再刻意去关注自己的牙齿，演唱时一心只想观众，完全投入歌唱。她张大嘴巴，热情欢快地唱，终于她成为一名娱乐界的明星，很多演员现在都刻意模仿她呢。

我们不能幻想能拥有一张清秀容颜，也不可能有生之年去做皇族的公主。失去自我，就连身边的朋友也会生活得不自在。我们无法替代他人的人生，同样自己也非他人能够代从。

我们常常能够看到这样一种女人，她们本身已经具备了不少优点，然而她们并没有想过要把自己的优点放大，而是想尽办法地去研究其他女人身上的优点，渴望把他人的优点全部集中到自己身上，可最后的结果是，她们不仅没能使自己成为"完美无缺"的人，反倒由于去模仿别人而把自身的优点和优势也丧失殆尽。

其实，一个女人只要能够把自己的优点发挥到极致，就完全可以做出一番美好的事业，假如一味去艳羡别人、仿照别人，最终将会毫无成就。女人要明白，挖掘自我，保持本色，充分利用好自己的优势是造就事业的根本，那种集一切优点于一身的想法是最不切实际、最荒谬的行为。相对来说，人们之所以这么苦恼，是由于试图使自己适应一个并不适合自己的模式。

那么，我们该如何定义自己呢？

首先，面对各种各样的诱惑要做到在选择中有所放弃。所谓定位，说到底，其实就是一个选择与放弃的问题。学会选择需要敏锐的眼光和清晰的认识，学会放弃则需要彻悟的智慧和割舍的勇气。善于选择、勇于放弃，就能清除干扰，为自己的定位找到正确的方向。

其次，要把职业定位放在决定人生成败的重要位置。一个人事业发展的高度在一定程度上决定着其在社会上的生存地位，所以，职业定位关乎一个人一生的前途。但是，许多人选择职业被太多的随意性和偶然因素所左右，并让不适合自己发挥潜能的职业和职位束缚一生。而以明确的职业定位开始职业生涯，等于走上了成功人生的顺风路。

第三，要做到高点定位与低点起步相结合。所谓高点定位，也就是在为自己定位时把位置适当调高，这样可以增强自信，提高生存层次。但是不要走向极端，以致好高骛远，要在充分了解自身、了解现实的基础上，做到低点起步。

第四，不要走向自我定位的误区。有的人给自己定位时，常以赚多少钱、做多大官作为标准，为此他们苦苦钻营、疲于奔命。在为金钱患得患失，为权力钩心斗角之时，他们失去了太多的东西。事业上的定位固然不可缺少，但不应是生活的全部，在给自己的事业定位之前，首先要给自己的生活状态一个正确的定位。

聪明的女人往往是一个准确定位自己的人，并能够清楚地知道自己适合做哪些事情，进而不遗余力地向着这个目标努力，这样才能在持之以恒、坚持不懈的努力下，做出成就，取得成绩。

2. 不必追求完美，每个女孩都是天使

女孩追求完美是上进的表现，但人无完人，过于追求完美很容易走入死胡同，扭曲事实。每个女孩都是坠入凡间的天使，为寻找生命的真谛在舍去翅膀的同时，也舍去了一些无法弥补的缺憾，那是获得生命的代价，然而上帝在赐予我们一些美好的同时，必将夺取另外一些美好作为补偿。

总是闪躲自身的缺点，或者想通过各种渠道来弥补自身的缺点，这会让你陷入盲目的自我完善修改中，与其涂脂抹粉，到处张扬风采，获取他人好感，不如活得洒脱自若。

卡耐基曾说过："感谢上苍我所拥有的，感谢上苍我所没有的。"

杨琳大学毕业后，找到一份播音员的工作，每天傍晚6点到7点，在大家带着一身疲惫回家的路上，为其献上美妙的歌曲与生活小幽默。

三天的试用期，杨琳每天都会收到各种来信，这封说她说话太严苛，声音不甜美；下封又说她声音太过甜美，是作秀；有些甚至说她是花瓶，外强中干；有些则直接要求换人，等等。看到这些信件，台主问她："你还能维持你多久。"杨琳笑着说："我

就是我。但这些声音不能被忽略，我想这是成长的借鉴，很感谢他们提出的建议，但路还是需要我自己走下去。我不能做到让每个听到我声音的人喜欢我，但我知道自己该怎么做是最自然，给那些疲惫之人带去舒心与解放。"台主不动声色地离去，但眼中却流露出对她的赞许与肯定。

一日杨琳正在做节目，突然有观众直接给节目打电话，批评杨琳说话太直白，杨琳未发怒，微笑着对听众说："感谢您的建议，相信您一直对我们都有关注，我一直面对没有回音的话筒，您是第一位打进电话的观众，虽然不是让您很满意，但也正是因为我这个缺点，让我收到您带来的小惊喜，非常感谢。"那位听众有些结巴地说："其实我很喜欢你主持的风格，而且声音很柔和，我会继续关注的。"

"不洗澡的人，硬擦香水是不会香的。名声与尊贵，是来自于真才实学的。有德自然香"。唯有崇尚真我，唯有真实的自己才是最难能可贵的。一个人如果连自己都看不起自己，都不敢直面自己，那么你又期待谁会尊敬你、喜欢你呢？

现在很多年轻女孩企图让自己达到人人满意的地步。似乎每个女孩的心里都潜藏着一个"公主梦"，而这个"公主"不是别人，是被美化了的那部分自我，那是我们想成为的样子。其实每个女孩都是天使，我们不必刻意去追求完美，只要我们利用好上天赋予我们所拥有的一切，就能够创建出自己最美丽的小花园。

萌萌是个又丑又胖的女孩，特别是她的身材，连合适的衣服都很难买到。她唯一能拿出手让别人另眼相看的优点就算是唱歌了，但她却从没有展示自己的机会。尽管如此，她也没觉得自己有什么不安，直到她找男朋友时，才感到了苦恼与自卑。

她喜欢上了公司中的一个同事，可对方却怕被她喜欢，这让她很

第6课 美就是找到自己

苦恼。在以后的日子中，她经常在那些身材苗条的女孩面前感到自卑，她多希望自己也能够像她们一样杨柳细腰，多希望自己也被周围的男士众星捧月般地喜爱，这样她就可以毫无顾忌，大胆、主动地追求自己喜欢的心仪对象了。但她不能，因为她只是一个"丑小鸭"，永远变不成"白天鹅"。

一次，公司集体聚会，在KTV中她终于向所有同事证明，除了工作自己也有其他的优点。她那天籁般的声音震撼了在场的所有人，当大家热烈的掌声伴随她的歌声情不自禁地响起时，当那些敬佩的眼光不知不觉中投到她的身上时，她成了那天晚上最耀眼的明星，也让那个她喜欢的男士对她刮目相看。

很多年轻的女人都对自己太过苛求，总是盯着自己的缺点不放，以为这样可以努力改善劣势，但最终绝大部分女人却无法达到自己想象中的完美状态。有时，就算她们知道自身有与别人不一样的东西存在，也不会将这些东西视为优势，甚至还会把其理解为别人眼中的笑料或者是劣势。她们继续羡慕着别人身上她们认为含金量更高的东西，并徒劳无功地通过各种努力让自己也拥有它，结果，成功往往与她们失之交臂。

美好的人生从来就不是一个完满的结局，而是一种不断趋于完美的过程。所以，二十几岁的女孩要善于接纳不完满的自己，因为在这些不完满中你能够找到自身优势所在，而这才是成功的源泉。

3. 每个女孩都应该拥有自己独特的品位

或许有人认为，有品位的女人才称得上优雅高贵，而优雅高贵则是与时尚或奢侈品挂钩。其实不然，每个女孩都是独特的，观察同一样事物的角度也会有所不同，但事物本身的价值与品位的高低没有直接的关系。也就是说，品位的高低在于女孩是否独具慧眼，拥有自我，运用自身的眼光品味出独特的魅力。

在某些程度上，一个人的品位与她的气质是相辅相成的，品位的高低取决于一个女孩在日常生活里对新事物的发现。品位是自己独特的味道，每个女孩都要有自己的品位，一个廉价的饰品只要戴出了属于它的另类，它也能够表现出自己的品位。

当然，二十几岁的女孩要想变得有品位，首先要了解的就是什么是品位。

第一，就是审美的标准。女孩的审美观，直接决定了对自身外貌的修饰，一件衣服、一条丝巾、一种颜色的口红，都代表着女孩子的审美观，同时反映出一个女孩的品位。在这些显而易见的细节上，是最容易让人判定一个人品位的，因此，这就相当于对于品位的第一印象。

第二，内涵是最深刻的表现。也许知识渊博、思想个性的女孩并不少，但是有内涵的女孩却真的不多。内涵不仅要求你"知之甚多"，还要求你能够把知道的内容在恰当的时间对恰当的人用恰当的方式表达出来，而且表现得要自然淋漓，不要让人看着明显是作秀。

不论是在什么环境中，总是气质优雅的女孩更容易受到欢迎，只要你愿意，你也可以拥有独特的品位。要想让自己成为人群中最闪亮的明星，每个二十几岁的女孩都应当拥有自己最独特的品位。可能有女孩会问，究竟怎样做才能变得有品位呢？你可以试着从以下几个方面入手。

音乐：生活里只有云淡风轻。

这里不仅仅指音乐，是说众多的艺术素养，你需要具备其中的一种。如摄影、抚琴或陶艺，等等。女人作为最有灵性的那朵玫瑰，应该拥有艺术化的、充满惊喜的生活，音乐、摄影或陶艺都能使你在喧嚣中将一切都归于淡然。

插花：美丽女人必修课。

插花是一门既古老又时尚，充满浓郁生活气息的高雅艺术。现今女人们更是要把大自然的绿色和鲜花带回家，通过自己动手和布置，可以调剂生活，陶冶情操。插花是向往美丽的女人的必修课。在安静的房间里，让自己平静，看着摊开一桌的香艳花草，赏心，悦目，为平凡的都市生活增添典雅的意味。在充满花香的生活里，女人永远不老！

茶道：偷得浮生半日闲。

对于茶之韵，每个人都有独到的感受和体验，"拈花微笑，只可意会，不可言传"。茶道是东方文化的点睛之笔，东方文化与西方文化的不同，在于东方文化需要个人的悟性去贴近它、理解它。淑女性情如茶，安静却充满清香气。好茶一壶，能让你的心更加宁静，散发柔美内涵和女人独有的味道。也许，在纯净之余，我们还会领悟到其他的一些东西。闲暇之余，泡一壶好茶，约二三知己，一杯香茗，促膝清谈，只谈风月，无关名利，享受这滚滚红尘里片刻的柔软时光。

下厨：轻松打点曼妙美味。

女人在骨子里就是贤良淑德的，为人妻为人母的温柔从来都没有离开过女人。安守家室，相夫教子，本是女人最美丽的样子。何况，系上漂亮围裙，绾起缕缕长发，走进清淡雅致的厨房，切丝削片，快炒慢炖之间打点出曼妙美味，或是煲一锅好汤，与爱的人一起分享，又何尝不是女人的另一种韵味呢。

社交：一晚的公主。

女人们是派对上的焦点，顶尖的那种叫做"派对女王"，她们甚至具有派对的专业精神。HERMES 丝巾、限量版的 LV 手袋、GUCCI 新款高跟鞋，不大不小、不红不紫的明星，都可以在这里看到。端一杯红酒，浅酌小饮，或是在觥筹交错、推杯换盏之间，与人不咸不淡地寒暄。走的时候再微笑着扔下一句"亲爱的，你今晚真漂亮"，一个夜晚便悄然滑过，回到家脱掉高跟鞋，依然做你的淡然女子。

一个人的品位与其环境、经历、修养、知识分不开的。二十几岁的女孩只有有意识地培养良好的修养，积累丰富的知识，才能充实自己的内心世界，表现出高尚的思想和高雅的品位。你可以通过阅读，通过结交一些有素养的朋友，通过学习搭配服装等来提升自己的品位。

品位是一种生活状态的取向，是一点一滴的生活积累。品位不是靠金钱堆砌而成，而是时间和生活的热情，在岁月的流失中沉淀下来的精华。有品位的女人，即便是貌不惊人，没有车载斗量的财富，在她身上人们也会投来景仰的目光。

4. 寻找和自己相配的衣饰

服饰对于女人来说，是吸引人眼球的一大亮点之一。任何红毯或者活动上，让女人成为焦点的，除了穿对适合自己的礼服之外，细节的配饰也是至关重要的。饰品对于女人是点缀，一个"点"和一个"缀"，把饰品赋予女人的意义准确生动地表达了出来。给女人这朵红花几片绿叶，就会把花儿衬得完美而生动。饰品，是魅力女人关注的焦点，看似不经意的环佩叮当中，独特的气质已经被"点亮"。只需要一点点的饰品，就可以让女人的审美品位和品质得以体现。

发夹。简单款的发卡是不是除了固定头发之外就显得索然无味？你需要戴有装饰性效果的可爱发夹，它们会让你看起来俏皮许多，如果是花朵款的便让你瞬时充满了女人味。

发箍。在一些走秀舞台上，除了华丽的服饰，发箍可谓独领风骚，占领了许多 T 台模特的秀发。发箍让女人从头开始就很有女人味，而且无论盘发或者披发都很好尝试。

存在感项链。你当然也可以戴那些日常用的细项链去派对，不过那些戴着存在感项链的女孩可早已经把风头抢尽了！所以赶快给自己添置一条有够分量的存在感项链吧！

手镯。简单的晚礼服除了搭配存在感项链，叠戴的手镯也是非常不错的。当然要注意不同材质、颜色的搭配。

腰带。对于宽松廓形的连身裙或者长款上衣来说，一条腰链是修饰腰身和抓住注意力的必备法宝。

手包。你的唇彩、手机、薄荷糖都不被你准许进入派对？为什么不让它们也能有形地被带出来呢？把你每天上班背的品牌包包先暂时搁置吧，在晚宴舞会上你需要的是一个别致又好用的手包，这会让你在舞会上更具气场。

装饰性手套。超长款、蕾丝款或者是酷酷的机车款，无论你选择了哪种款式，这些手套都会成为你彰显个人风格的好帮手。

皮草外套。不是所有派对都是温暖、气候宜人的时节，一件皮草外套会让你更有女人味也更优雅。

绑带靴。你当然可以选择高跟鞋，不过时下玩酷的女孩儿多会备上一双绑带靴，一来容易搭配，二来也没有超高跟那么累，要知道毕竟派对和活动也不是短时间就能结束的事。

现代女性中，不少人舍得花钱买服装，不舍得花钱买饰品，其实，好的饰品的效用常常要大于好的服装。不配饰品的服饰很难有品位，服装是服装设计师的作品，搭配才是你的作品。有时为了一件独到和心爱的饰品，你的花费和用心是可以远远多于服装的。

挑选好合适的饰品之后，剩下的就是饰品的用法了。饰品的用法，总体上说有两个大类：

一类是"锦上添花"式。这类做法是以服装的款式、质地、图案和色彩为主体，配以相应的饰品。饰品的角色为"辅助"和"配合"，这类方式中，不宜突出饰品，喧宾夺主。在饰品的选择上要以"宁缺毋滥"为准则。

另一类是"画龙点睛"式。这类做法是以精美、内涵、别致、新颖的饰品为主体，服饰的色彩和款式力求简洁和单一，服饰为基础和衬托。在这类搭配中饰品是主体，就如同写文章时的标题，具有较强的凝聚和提炼主题的作用。这种方式以胸部和腰部饰品表现力最为强烈，但最好以一件饰品为中心，避免主题分散。这种方式以点带面，更能表达女性的智慧、情趣、鉴赏力和创造力，是很多知性女子的热衷直选。

饰品是女人审美品位和生活质量的体现，所以，年轻的女孩在选购饰品时首先要考虑的是与服装搭配的可能性，如果一件饰品缺少这种特性，就算它再好也不是属于你的饰品。饰品的主要作用是能够丰富服饰的表达力，提炼服饰的主题，或者能够表达你的审美情趣。所以，年轻的女孩千万不要忽视小小饰品的魅力，只要你独具眼光，搭配得当，你就能够夺得众人的眼球。

第6课　美就是找到自己

5. 化妆品不必是名牌，适合自己的就是最好的

什么样的化妆产品才是"好产品"？有美容专家说："适合自己肤质的产品，就是好产品。"的确如此，化妆品的作用本来就是保护皮肤和修饰肤色，是生活的必需品。可是现在的化妆品品牌争相出品，而且价格都是居高不下，尤其是那些国际国内的知名产品。于是，很多年轻的女孩把消费品牌也看做了尊严和身份的象征，所以常常忽略了化妆品带给自己的效果以及是否适合自己的皮肤，这也是护肤的一大弊端。

实际上，年轻女孩在购买化妆品的时候，更应该看重是否适合自己的皮肤，能否达到自己想要的效果，而不是一味地追求品牌和高价格，要知道最好的护肤品首先就是要有正确的消费心态。

1. 化精神大方的淡妆。

除了一定要化浓妆出镜或者参加特殊的活动时要化浓妆外，建议大家还是化精神大方的淡妆更好。因为在化妆品中，含有的金属成分比较多，而且化学成分还有着吸光的作用。女孩子一旦长期使用了含大量铅、汞等成分的化妆品，很容易造成肌肤的呼吸不顺畅，加上平时不注意彻底清理，很容易让有害物质残留在肌肤当中。色素一旦沉淀，肌肤将暗淡无光。因此，尽量避免浓妆艳抹，而卸妆时，用专业的卸妆液彻底清洁，那样才能保持肌肤美白。

2. 防晒很关键。

肌肤上有斑点或者皮肤暗黄，很多时候是因为光老化引起的。特别是在夏季，紫外线的照射会让黑色素母细胞激活，形成酪氨酸酶。在不断积累的过程中，肌肤表面出现了不正常的黑色素。因此，防晒是很关键的，在户外一定要带好遮阳伞、帽子等，出门前要擦上物理

防晒霜。

3. 适当美白。

我们都有看到，很多女人为了美白，会频繁地使用磨砂，或者做化学脱皮，最后肌肤变得越来越敏感和干燥，一晒太阳或者洗完脸后就起红疹，黑色素的沉淀也越来越多了。在这里建议大家不要太过频繁地做一些事倍功半的事情，最好养成适当美白的习惯。

4. 改变不良的清洁习惯。

长期居家的家庭主妇被称为"黄脸婆"，印象中，她们都是脸色蜡黄、布满了黄褐斑。你知道吗？这是因为我们生活中的很多用品都会伤害皮肤，像洗衣粉、洗洁精、洁厕液、漂白剂这些清洁剂中都含有碱、脂肪酸这两种主要化学成分。

在消灭了污渍的同时也损伤了皮肤，长时间接触而没有做好皮肤的清洁工作，斑点就会悄悄地爬到脸上，所谓的"黄脸婆"就是这样练成的！所以，年轻的女孩一定要做好皮肤的清洁工作，绝对不可以偷懒，否则后悔莫及。

清洁皮肤是保养的最为关键的一步，满脸的死皮细胞、油脂、灰尘、化妆品残留物，你再搽神仙水搽乳液都没用，要想皮肤好，一定要毛孔通透，才能排出污垢和吸收好的营养，所以选择洗面乳也是很有讲究的。

5. 长期面对电脑。

电脑辐射有五宗罪，面部长痘，辐射斑，肌肤干燥晦暗，眼睛视力下降，黑眼圈。但是随着电脑应用的不断扩大，我们的生活和工作又都离不开电脑。怎么办呢？除了有意识地减少面对电脑的时间，防辐射的隔离工作也很重要。上妆前涂上防辐射隔离防晒霜，可以有效地阻挡电脑辐射对肌肤的伤害，减少色素沉淀的机会，远离雀斑黄褐斑。

6. 远离垃圾食品。

对我们大大有害的食品包括：碳酸饮料、饼干薯片、油炸食品、串串、火锅等。这些东西会在体内沉积下很多毒素，刺激细胞的生长。特别是晚上 10 点以后，肝、肺、肾都在大量排毒，你却还在消夜，会给自己的身体造成很大的负担，对身体和皮肤都不好。因此，要抵制住对美食的诱惑，多吃一些清淡的食品。

众多的护肤产品中总有一款是适合你的，年轻的女孩从二十几岁开始就要好好保养自己的皮肤，不要跟风赶流行，更不要认为价格贵的就一定是好的。如果你买的化妆产品不适合自己的肌肤，即使价格再高，品牌再好，用在你的脸上也只会起到适得其反的作用。

第 7 课
女人的魅力来自哪里

女人漂亮不漂亮另当别论，但是作为女人却一定要有女人味，因为这是女人的魅力来源之一。一个有女人味的女人，举手投足间都会有一种别致风韵，吸引人的眼球。

1. 女人最大的魅力在于意识到自己是个女人

女人漂亮不漂亮另当别论，但是作为女人就一定要有女人味。有人说"丑男娶美女，丑女嫁帅哥"才是当今婚嫁盛行之风，不漂亮的女人之所以能吸引男人的目光，全是因为她们把自己的女人味发挥得淋漓尽致。女人天生的魅力不能因时代的风潮而就此埋没。不是将自己看做男人，就一定会拥有无穷尽的力量，或许我们能获得有魄力、有实力的称誉，但与魅力扯不上边。

在"2010魅力女川商"的现场，杨澜谈道："每一个女人的身上，都有一个林黛玉一个薛宝钗，成熟的过程就是完成一个从林黛玉向薛宝钗转变的过程。"女性在创业过程中，将会遇到比男人更多的困难。但不能因此就将自身奉为男人婆，"女人通过征服男人来征服世界。"能够征服男人的女人知道女人最大的魅力在于意识到自己是个女人。

无可争议，成为一个具有无限魅力的女人，其美丽、聪慧、优雅、知性只会拉近与成功的距离而非阻碍。

当我们意识到自己是个女人，每一次优雅的转身，带来的都是成功的不断升级与智慧的无限扩张，每一个举动无不透露出优雅与自信，才能明白成功的最大魅力不在于独善其身，而在于自我认知。

希拉里·克林顿曾经说过这样一句话："诚然，我们女性和男人共同创造并管理着这个世界。但即使再过一万年，女人也应保持着那份女性特有的温柔妩媚，这不只是取悦于男人，也为了证明女人自己。"

乌克兰的前美女总理季莫申科虽有铁娘子之称，但她在衣着上尽显女人本色，花呢连衣裙、香奈尔时尚裤装、高筒皮鞋、牛仔裤，甚至超短裙，都是她的最爱。此外她性情乐观开朗，不失女人风情。外电评论说："她在服饰上力图给人一种印象，她首先是个女人，之后才是个政治家。"她的魅力在于既是总理，也是天使。

英国前首相撒切尔夫人被称做"铁娘子"，她曾说过："每当我在家里，早饭总是我做，午饭也是我准备。"她外刚内柔的性格又何尝不是女人味十足？

虽然现在的女人身担不同角色，但她首先是女人，然后才能是其他。况且女性的身份，在某些情况下，如果利用得当，还能成为一种优势，助你一臂之力。

一个有魅力的人，总是能把情感收放自如，在传达感情和热情的时候，依然保持自己清醒的状态，在品位超凡的形象中，闪现智慧化的美丽。

魅力就是在人的交往中，能抓住别人的情绪和带给人愉悦的能力。一个人的魅力是由很多方面共同组成的，第一个重要的部分就是外在的一些，如外貌、身材、皮肤、穿着、配饰、语言、肢体动作、表情、香味；另一个就是你的内在的东西，如学识、经历、性格、情绪、自信、交际的技巧和礼仪知识。二十几岁的年轻女人，如果你也想成为一个超凡的魅力女人，那么这些都是要你一点一滴积累并且逐步改造的，只有把无序变成了精致，你才可以成为一个人人欢迎的有魅力女人。

2. 穿得漂亮，也不要忽略你的举手投足

漂亮的衣饰可以为女孩的美丽加分，但也因此让很多女孩闯入误

区，单纯地认为披上时尚华美的衣裳就能显示出自己的高贵、与众不同，将那些看似无用的繁文缛节厌恶地扔到一旁。女人高贵与否，衣饰充其量只起到十分之二的效用，而言行却占到十分之四。

再美的衣服也无法遮盖粗俗不堪的举止，将价值上千的薄丝纱裙穿到泼妇身上，她依然无法替代戴安娜王妃在人们心中的高雅脱俗。

大哲学家培根说："形体之美胜于颜色之美，而优雅的行为之美又胜于形体之美。"

人的魅力看似无形，实为有形。它是通过一个人对待生活的态度、个性特征、言行举止等表现出来的。魅力外化在一个人的举手投足之间。走路的步态、待人接物的风度皆属气质。

完美的言行举止和大方的仪态会为女人赢得人气，作为年轻的女孩子，有谁不想得到更多人的认可呢？所以，修炼自己的得体举止和大方仪态是每一个年轻女孩必修的课程。只有合乎规范的身体仪态才是女人魅力的最佳表现。

一家有名的大公司要聘一名办公室文员。应聘当天，前来应征的人约有100余名，总经理吩咐秘书叫每一个人到他的办公室作现场应聘。那些应聘者不是夹着厚厚的简历表，就是怀抱一摞证书，总经理没有一个满意。

正当他感到失望之时，一个长相平凡但衣着整洁的女孩被叫了进来。秘书面对女孩的两手空空，不禁为她感到惋惜——怎么一点也不准备呀，至少也该有份简历表呀。只见女孩走到总经理的办公室门前，礼貌地敲了三下门，待里面传出"进来！"她才轻轻推开门，立于门前，认真地蹭掉脚上的灰尘，进门后随手关上门。未走近总经理的办公桌，女孩发现地上有本书，很自然地拾起放到办公桌上。

总经理和女孩简单地交谈了几句，忽然有人敲门说是找总经理。门一开，一位残疾老人蹒跚而入。女孩连忙起身搀扶老人，且让座于他。女孩所做的一切毫无造作，呈现在别人面前的是善良、体贴。当女孩走出办公室，秘书进来准备请示总经理再叫下一人时，总经理微笑着冲他点点头说："就是刚刚的女孩被我聘中了！"

秘书惊讶地问道："刚刚那个女孩？她既没有一本证书，也没有受任何人的推荐，甚至连最基本的简历表都没有。""你错了。"总经理对秘书说，秘书疑惑了，总经理继续微笑着说，"她敲门，说明她懂礼节，做事小心仔细；她在门口蹭掉鞋上带的灰尘，说明她注重细节；当看到那位我有意安排的残疾老人进门时，她立即上前搀扶让座，表明她善良、体贴、热情。所有的人都从我故意放在地板上的那本书上迈过去了，而女孩俯身捡起那本书，并放回了桌上，她的头发梳得整整齐齐、指甲修得干干净净……难道这些细节你不认为是女孩最优秀的简历表吗？我认为她的言行就是她最好的简历表！"

这个年代漂亮女孩特别多，被人喜欢着实不难，但被人敬重却不那么容易了。一个单位、一个公司的漂亮女孩，有时可以为单位集体活动应景，当然也会受到特别的呵护与优待，但这都是表面的或者说是暂时的。因为时光流逝，花朵躲不过夏秋冬。因为时间长远，社会单位总是有一定职业要求的，女孩仅靠姿色不能包打全场。

言行举止是你最优秀的个人简历表，有品质的女孩们才不会仅靠姿色来生存。她们除了拥有自己的专业和内在素质优良外，一般都注重日常生活中的"举手投足"。如：

1. 不是分内的事，只要遇到了就主动伸手帮一把。

2. 开水间打水礼让一下老同志，别争美女优先权。

3. 电梯里为他人按楼层号，主动给别人进出方便。

4. 拒绝什么多以父母和家庭的原因为理由。

5. 穿着打扮除了符合职业要求，不要太暴露，因为你已经很美。

6. 遇到别人的帮助和关心说声谢谢，不要觉得理所当然。

7. 不能让人感觉到你不安心工作，因为漂亮女孩总是有很多选择与跳槽的机会。

8. 受到别人的赞美可以给予灿烂一笑，更要保持一种谦逊和矜持。

9. 善待同性或异性中没有你漂亮的人，能与他们中的人有心灵沟通。

总之，一个漂亮女孩不能像玫瑰刺人，不能像昙花一现。要让别人感觉你既养眼又养心，要在举手投足之间，体现教养和追求，释放高雅与文明。

3. 充满好奇的勇气也是一种魅力

幼时为自己定格梦想的前提是出于好奇，成长离不开对事物的探知，当我们发现面前摆着一个风筝，却不知道如何将它放飞时，在好奇心的牵引下，我们学会了放风筝，并爱上了这个看似浪漫与欣喜的活动。

万事万物皆在好奇的驱动下，接触、理解、认知继而运用，好奇是提升人格魅力，使人成长，进而成熟、通透的探险家。但发展好奇，揭秘未知需要的是勇气，而勇气是一种无法言语的魅力。好奇心下的勇气有着强大的磁场，有着揭露一切真相的魄力。

只是充满好奇，却缺乏探索的勇气，就会影响探索的进程，从而胆怯或过分依赖他人。没有主见与勇气的女人，始终是易碎的花瓶，不经历探索，是拒绝坎坷、拒绝失败、拒绝成长、拒绝一切与成长有关的经历。而人生没有华丽的乐章，那你不过是空有其表，毫无内涵的空洞女人。

王敏是艺术学院一名学芭蕾的学生，大学毕业后，很多同学凭着一些关系进入了一些大的表演剧团，而没有任何关系的她一时之间突然失去了方向，很长时间都没找到合适的工作，所以只能平时做做礼仪之类的兼职，然后再考虑工作的事情。

　　有一次，她从电视中突然看到英国某电视台正在采访一些群众，只见一个硕大的广场中央很多人在跟着一名舞蹈老师学习舞蹈，而且很多人说这样比较健身。王敏突然对此产生了好奇，不由得想到了如今一些白领女性为了塑造体形总是拼命地采用各种方式来保持身材。那么如果自己将芭蕾也作为一种专业的塑身课程交给大家，那不是比那些乱七八糟的方式更能保证健康吗？

　　在好奇的催促下，很快王敏便鼓起勇气自组了一个舞蹈工作室。请来了许多不同艺校的芭蕾专业毕业生做舞蹈室的老师，然后再印发了一些舞蹈室的传单给大众，一时之间吸引来了许多热爱健身并且喜欢芭蕾的人。

　　王敏就犹如一只不知疲惫的鸟，在自己热爱的未知领域里跳跃飞翔。并且因为工作与自己的专业没有脱离，她还腾出了许多空闲结合不同的舞蹈艺术，凭着灵感自创了一些芭蕾舞曲。而她的魅力，也因为好奇心更显得活泼生动。

　　好奇心是构建快乐生活必不可少的意识驱使，当长久没有下厨的我们偷偷在网上找些食谱，去超市买些瓜果蔬菜，为家人精心烹饪一桌丰盛的晚餐，即便做不出太美味的东西，也会让家人体会到幸福与温馨，而我们得到的是胜利后的喜悦与关爱。

　　当我们执著于山顶"一览众山小"的高端，便不再害怕路途的艰辛与劳累，每一滴汗水都能挥洒出绚烂的光彩，让周围之人为你的勇气与毅力感到骄傲与欣慰。可若爬到一半，因为劳累而放弃，不仅体会不到即将到来的壮丽，你的人格也将被他人视为蝼蚁。

　　美国人力资源协会 SHRM 进行了一项非正式的调查，以更好地了解究竟非 HR 的领导者是如何认识 HR 专业的。结果得出，一位成功的 HR 管理者现在直至未来均应具备好奇心、勇气、能力以及人本主义四项要素。HR 管理者必须具备好奇心，更加需要勇气去揭示好奇心。美国人力资源协会一位 HR 管理者曾说"如果每年我没有干上几件可能会导致丢掉工作的事情，我就不觉得自己在工作"。是的，这一切都需要他们具备勇气，用勇气来规范道德行为，并获得其他人的认可。

当我们对他人的年龄感兴趣时，"我凭什么告诉你"这样简短的一句话便有一种从天堂掉入地狱的滋味。好奇心让我们不断挖掘眼前一切感兴趣的事情，哪怕拥着侵略者的身份，不知会遇到沟壑还是河流，或者更希望山穷水尽之际突然柳暗花明，带着兴奋与快乐夸张地如同发现新大陆的小孩，因此对任何事物都具有乐此不疲的向往，在探索中进而成长。

二十几岁的女孩具备勇气是最可嘉的品质之一，即便有些稍稍的狂妄自大，也是非常可爱的。在好奇心的探索下，偶尔年少轻狂一些，谈次恋爱、拍次写真、做次非主流造型、来次夸张混搭，正是彰显活力，秀出与众不同的个性自我，将自己的世界添姿抹彩，创造自己神话般的故事，体味世间百态奥妙，如此丰富的人生阅历，才能在岁月的积淀中焕发无限魅力。

第8课

气质，每个女孩都想要的『抢手货』

一个有气质的女人，就是一个有气场的女人。不管走到哪里，她们都会备受瞩目。这样的女人是大多数男性心中的倾慕对象。

1. 常到书店逛逛，挑几本可以提升自己的书籍

俗话说："书中自有颜如玉。"而具有书香味的女人是美丽的，举手投足之间都带有一种睿智、不食人间烟火的高雅气质。书在提升个人文化素养，丰富内涵的同时，更具备征服他人的独特气质。

二十几岁女孩已经开始慢慢与社会接触，人际交往是进入社会必不可少的生活餐食。无人会相信一个没有读过书的女孩会充满智慧。"博览群书，便可通晓天下"。书的魅力不在于语言上的优美，而在暗藏于字里行间的智慧。因此，有时间就去书店逛逛，选几本好书，无论是人生格言或者励志，甚至是养生，都会对女孩的今后造成非同一般的影响。

喜欢看书的女孩，她一定是沉静且有着很好的心态。喜欢看书的女孩，她 定是出口成章且优雅知性的女人。阅读可以让心情平静，当遇到一本自己感兴趣的书时，会发现心情是愉悦的，而且每一本书里都有着很大的智慧，阅读过的书籍都会是女孩社交中的资本，相信没有人会喜欢与一个肤浅的女孩交往。选择了合适的书本，它能够教会人很多哲理，以及会让你学会以一种平和的心态去迎接生活里的痛苦或快乐。

一个人不读书就没有真正的教养，同时也不会有什么鉴别力。书就像一把金钥匙，可以帮助女人开阔视野，净化心灵，充实头脑。书让女人变得聪慧，变得坚忍，变得成熟。外表对于女人固然重要，但更重要的是心灵的滋润。读些好书，会让女人保持永恒的美丽。爱读书的女人，不管走到哪里都是一道风景。也许她貌不惊人，但她的美丽是骨子里透出来的。她谈吐不俗，仪态大方，能给人以无限的美

感。

知识经济时代，漂亮的容貌已经不再是女人独傲群芳的武器，没有内蕴的时尚丽人因语言的无味已不被人们所接受，只有爱读书的女人才格外引人注目。她们用书籍来滋润心灵，用知识来丰富自己。虽然衣着普通，素面朝天，但走在浓妆艳抹的女人群中，反而格外引人注目；是气质，是修养，是浑身流溢的书香味，使她们显得与众不同。她们像一杯散发着淡淡清香的绿茶，让人们品味无穷。

"学问改变气质""腹有诗书气自华"，气质，似乎是人们熟知而又不易捉摸的概念，大有"只可意会不可言传"的意味。简单地说，一个人的气质是指一个人内在涵养或修养的外在体现。气质是内在的不自觉的外露，而不仅是表面功夫。如果胸无点墨，那任凭用再华丽的衣服装扮，这人也是毫无气质可言的，反而给别人肤浅的感觉。所以，如果想要提升自己的气质，做到气质出众，除了穿着得体，说话有分寸之外，就要不断提高自己的知识，品德修养，不断丰富自己。

在此推荐一些女人应该读的书：村上春树的《挪威的森林》、艾米莉·勃朗特的《呼啸山庄》、叶芝的《当你老了》、塞林格的《麦田里的守望者》、小仲马的《茶花女》、司汤达的《红与黑》、简·奥斯丁的《傲慢与偏见》、茨威格的《一个陌生女人的来信》、夏洛蒂·勃朗特的《简·爱》、川端康成的《雪国》、玛格丽特·米切尔的《飘》、米兰·昆德拉的《生命中不能承受之轻》、海伦·凯勒的《假如给我三天光明》、路遥的《平凡的世界》、雨果的《巴黎圣母院》、张小娴的《面包树上的女人》、老舍的《离婚》、王安忆的《长恨歌》、徐坤的《厨房》、苏雪林的《棘心》、亦舒的《喜宝》等都能够让你得到心灵上的洗涤。

一个女人的风度、气质、智慧、修养其实是和书密不可分的。读书能为女人更添风韵，即使不涂脂抹粉也能神采奕奕、风度翩翩。读书能使女人风韵更靓丽，大方而不失幽默、端庄而不显轻佻。读书能使女人思维活跃，心境开阔，通情达理，人见人爱。读书的女人是美

第 8 课 气质，每个女孩都想要的『抢手货』

丽的女人；读书的女人是有魅力的女人；读书的女人是优雅的女人；读书的女人是成熟的女人。

书让女人变得聪慧，变得坚韧，变得成熟。使女人懂得包装外表固然重要，而更重要的是心灵的滋润。正如余秋雨先生说的"读书可以使自己成为一个健全的人、可爱的人、健康的人"，读书也可以让女人成为一个智慧的人、一个幸福的人。

2. 让好的口才为你的气质加分

每个女孩都希望在自己青春靓丽的时期得到更多的关注与友谊，而语言则是实现这一追求的统帅。拥有好的口才、说话文雅、用字恰当、口气和蔼热情、措辞委婉贴切、态度诚恳谦逊……将一个人内在的气质以及涵养表现得淋漓尽致。而友好的目光从不拒绝一位如此优秀有气质的女孩。

好口才是提升个人魅力，为自己加分，并拥有绝对自信的借据。语言是连接人与人之间的纽带，更决定了人际关系的和谐与否，进而会影响到事业的发展以及人生的幸福。对于女人来讲，不仅是事业披荆斩棘的利剑，更关乎家庭幸福的法宝，增加自身个性魅力的砝码。

杨澜一次在广州市天河体育中心主持一场晚会，在中途退场下台阶时，不小心一脚踩空，从台阶上摔了下来。出现这样的情况，的确令人难堪。这时候台下的观众哗然，只见杨澜一跃而起，面带笑容镇定地对观众说："真是人有失足，马有失蹄，我刚才的狮子滚绣球滚得不够熟练吧。看来这次演出的台阶还不那么好下呢，但是台上的节目会很精彩，不信，大家瞧她们。"

杨澜这段非常成功的即兴演讲，不仅为自己摆脱了难堪，而且更显示出她非凡的口才，以致她话音刚落，会场就立刻爆发出热烈的掌声。有的观众还大声说："广州欢迎你！"

　　女人的形象固然重要，但同样不可忽视的是女人的口才。女人可以不漂亮，但是一定要会说话。无论你天资多么聪颖，接受过多么高深的教育，长得多么漂亮，假如你无法恰当得体地表达自己的思想，你仍旧可能会一败涂地。而要想让别人喜欢你、承认你，就必须培养自己的口才能力，只有这样才能打开你与他人之间沟通的大门，彼此的心灵才能产生共鸣。

　　亚里士多德曾经说过："漂亮比一封介绍信更具有推荐力，也更容易被人们所接受。"的确，外貌出色的女人一般取得成功的概率相对较高。但天生具有倾城姿色的女人没有几个。相比外貌，良好的口才更是女人脱颖而出的资本。

　　好口才远比美貌创造的价值高：美貌会随着岁月的流逝而委靡，而口才经过后天修炼会随着时间的推移越加精湛。如今已是男女平分天下的时代，离开锅灶，走出家庭，走入社会，靠个人能力秀出自己，成了干练的职场丽人，成了叱咤商场的职业女强人，而这无疑对她们的口才能力有了更高的要求。

　　写文章讲究"读书破万卷，下笔如有神"。说话其实和写文章是同一个道理，只有肚子里装满墨水，才能够妙语连珠，说出有水平、有见解、有说服力的话。当我们和朋友或者与陌生人初次见面时，经常无话可说，令气氛陷入尴尬中，于是就抱怨自己天生没有一副好口才。其实，好口才并不是天生的，好的口才需要足够的底蕴作为基础。

　　好口才需要深厚的学识为基础，如果脱离这个根本，交谈只会成为"无源之水、无本之木"，淡而无味，更别提引起他人的好感。

　　英国的赫伯特曾经说过："只要心中充满自信，没有一件不能做的事。本领加信心是一支战无不胜的军队。"拥有好口才也需要勇气去张嘴，因此自信必不可少。而在这个充满浮躁气息的社会里，自信在不经意间成了一种奢侈品，尤其是对于女人。

自信就是一种真实地面对自己、坦然地面对自己的内心，不遮掩、不虚伪，享受人生的真实。这样的自信本身就是一种魅力的展现。

二十几岁的你在掌握好口才的同时，一定要学会自信，因为它是阴暗角落里的一丝阳光，代表着希望；它是阳光下一棵苗壮的幼苗，代表着生命……而女人拥有自信，便多了一份魅力、一份成熟、一份坚韧、一份优雅……要相信，拥有自信，你才是最美丽的女人！

3. 不断丰富自己，加强修养

现今女孩肩上的担子并不比男孩轻，面对竞争日益激烈的社会，既要维持生活，又要不懈努力，向上奋斗。很多女孩早已无暇顾及对自身关爱，就连上学时爱看的小说也被扔至一旁，宁愿盯着电视多看一分钟的娱乐节日也懒得再关心要学点什么。

上帝之所以创造女人，是因为只有女人的美丽和生气才能够将世界渲染得更加丰富多彩。因此，女人就应该是美丽的，而美丽不仅仅是外表，更在内心。一个内心丰盈的女人，端庄、优雅、睿智，举止协调自然，谈吐不凡，即便静立无语，却给人一种亲切感。

气质并非表面功夫上的附庸风雅，而是内在不自觉的外露。任凭华丽的服饰装扮，胸无点墨，也无法渗透出半分气质，反而给人肤浅庸俗的感觉。因此，想要提升自身气质，除了衣着上的粉饰、会说话，更需要不断丰富自己，加强个人修养。

修养，其实就是一种人格魅力。何为人格魅力？首先要弄清什么是人格。人格是指人的性格、气质、能力等特征的总和，也指个人的道德品质和人的能作为权利、义务的主体的资格。而人格魅力则指一个人在性格、气质、能力、道德品质等方面具有的很能吸引人的力量。在今天的社会里一个人能受到别人的欢迎、容纳，他实际上就具备了一定的人格。

现实生活中，有很多年轻女孩只注意穿着打扮，并不怎么注意自己的内在修养。诚然，美丽的容貌、时髦的服饰、精心的打扮都能给人以美感，但是这种外表的美总是肤浅而短暂的，如同天上的流云，转瞬即逝。如果你是有心人，则会发现，修养给人的美感是不受年纪、服饰和打扮局限的。所以，二十几岁的年轻女孩一定要有良好的修养，通过丰富自己的内心来使自己变美的女子，比用服装和打扮来美化自己的女子，要具备更高一层的精神境界。

修养还表现在性格上，这就涉及平素的修养，要忌怒忌狂，能忍辱谦让，关怀体贴别人。许多女孩子并不是特别出众，但在她们的身上却洋溢着夺人的气质美：认真，执著，聪慧，敏锐。

有修养的女孩应该是善良的一颗善良的心，是女人美丽的核；

有修养的女孩是真诚的，没有什么比真诚更能打动人心；

有修养的女孩是知性的，没有头脑，任物质和外表怎样完美也是空洞；

有修养的女孩是热情的，对生活有热忱的女孩才会魅力四射；

有修养的女孩是性感的，得体的性感是让任何人都喜欢的；

有修养的女孩是幽默的，需要紧张的事情太多了，适时放松，让他人也快乐；

……

一个女人可以不好看，可以没有钱财，甚至也可以没多少才华和知识，但是不能没有修养，这是一种先天的赐予和后天的养成。修养是一种潜在的品质，有修养的女人就像一颗绝世的珍宝，不会随着岁月的流逝而失去光泽，而会越发耀眼迷人。18世纪末的政治家、思想家勃客曾写过这样的话："修养比法律还重要……它们依着自己的

第 **8** 课 气质，每个女孩都想要的『抢手货』

性能，或推动道德，或促成道德，或完全毁灭道德。"

　　在古代形容一个女人有修养是"知书达理"，说一个女人没有修养，莫过于"泼妇"。女人的修养是一种潜在的品质，它不会像外貌那样直接地吸引人的眼光，但是，对凡尘中的我们来说，生活需要女人有修养，家庭需要女人有修养，社会需要女人有修养。

第9课

性格沉稳显大气洒脱

一个性格沉稳、处世成熟的女子，一定会是男人所钦佩的对象，她们的大气常常让男人心动不已。

1. 不要随便显露你的情绪

虽然女人多半都比较感性，情绪容易受外界事物的影响，丈夫误解自己了，孩子哭闹了，公交车上被人踩脚了，被身边疾驰而过的汽车溅了一身污水了，生活中各种各样琐碎小事都能成为女人火冒三丈的原因，但这并不能成为女人随意发脾气的理由。何况，无论你多么生气，也不会让事情有所改观，只会让事情变得更加糟糕。

一个人要学会控制住自己的情绪，做到凡事处之泰然。有的人情绪表露得非常明显，早上上班前跟老婆吵个架，跟老公斗个嘴，全公司的人都会知道，因为大家一眼就能看出来，这样是要不得的。

诸葛亮的妻子黄氏是历史上有名的丑女。她发黄面黑，长得很难看，附近的青年男子都不愿娶她。不过黄氏长得虽丑，却颇有内才，品德极佳。一日黄氏的父亲黄承彦见到诸葛亮，听说他想找个媳妇，便对他说："闻君择妇，身有丑女，黄头黑面，才堪相配。"没想到诸葛亮竟然真的重才轻色，当即求亲，于是黄承彦便将女儿嫁给了诸葛亮。

在戏剧和图画中，诸葛亮总是身披八卦衣，手持鹅毛扇，一副运筹帷幄、决胜千里的姿态。传说鹅毛扇便是黄氏送给他的一件礼物。诸葛亮出山辅佐刘备，行前，黄氏用其父赠给她的一只大鹏鸟翅做了一把扇子，扇柄上画着八阵图，要诸葛亮随身携带，一则不忘夫妻恩爱，二则对行军作战大有裨益，三则告诫他息怒。

黄氏对诸葛亮说："你与家父畅谈天下大事时，我发现当你说到胸中的大志，就气宇轩昂；谈到刘备先生想请你出山，就眉飞色舞；

一讲到曹操，就眉头深锁；一提到孙权，就忧戚于心。大丈夫做事情一定要沉得住气，我送你这把扇子就是给你用来遮面，挡你的脸的。"

诸葛亮拿起鹅毛扇一摇，头脑很快就冷静下来。因此，诸葛亮离开草庐后，一直身不离八卦衣，手不离鹅毛扇。原来，"遮面"的意思是说先要沉得住气，然后才能处之泰然、保持冷静。

人的一生不可能完全避免各种情绪的刺激，也避免不了情感的得失。年轻的你要想做自己情绪的主人，就要学会在逆境中理智地控制自己，用各种适当的方法来转移和调节心理失衡的状态。一个愉快的、稳定的情绪，是人们身心健康的重要体现。作为一名女性，在家庭和社会中都扮演着极其重要的角色，我们的身心健康与否关系着不仅是个人的工作、生活与幸福，还关系着以女性为牵连的各种群体的和谐程度。

有一年冬天，美艳坐长途汽车去奶奶家。车行至中途，上来一个衣着不太干净的大叔。美艳一边想"千万不要坐在我旁边"，一边警惕地看着那位大叔的走向，但是他还是坐在了美艳的身边。大叔刚坐下，就有一股很难闻的味道，美艳想还有两个小时要与这位大叔同行，就在心里喊倒霉！但是，总不能把他赶走吧。所以美艳故意把头扭向了窗户边，明摆着是要和他划清界限。大叔可能觉得对不起美艳，一直缩着身体，尽量离她远一些。另外，汽车里有暖气很热，他可能担心有味道，所以一直紧紧地抓着自己大衣的领子。

美艳看着这样的大叔，觉得他挺可怜。心想："如果我爸爸年纪大了，因为没人照顾，也有可能会有难闻的味道，别人都不想和他坐一起，那他多伤心啊！"虽然有些勉强，但是美艳一想到爸爸也可能遭受到类似的待遇，还是忍受了大叔身上难闻的味道。经过休息站的时候，美艳买了两瓶饮料，递一瓶给那位大叔。他惊喜地看了看美艳，站起来接过饮料，说了声"谢谢"，然后以舒服的姿态坐下了。

美艳隐隐地发现，大叔的眼睛里似乎闪烁着晶莹的泪水。美艳仅仅付出了一点耐心和宽容，却让大叔感到自己得到了尊重和关心。

在我们感觉难过和烦闷的时候，不要对抗自己的负面情绪，只要自己能做到优雅，这些情绪就会像落日一样很自然地消失。我们应该在这种不经意间实现情绪的成功转向，以一种宏大的胸襟和气魄来为自己解脱，让自己能很优雅地离开这种负面情绪，进入心灵的正面状态。

二十几岁的女人要想获得成功和幸福的关键是掌握控制自己情绪的能力。快乐要靠自己去用心发现，要想获得胜利首先就得学会控制自己的情绪。当坏情绪向你侵袭过来的时候，你要像秋风扫落叶那样干净利落地将不良情绪从你的心里全部卷走。采取一些方法，换一种看问题的角度，你就会发现，事情其实很简单，生活原来很美好。

2. 不要逢人就诉说你的困难和遭遇

鲁迅先生在其一部小说中塑造了祥林嫂这样一个悲剧的女性形象。在礼教吃人的旧社会，祥林嫂是既可怜又可悲。她在遭遇了不幸之后，便逢人就说她如何的不幸、如何的痛苦，最开始人们很同情她的不幸遭遇，但随着她一而再、再而三地诉说，人们渐渐地由同情变为烦闷，甚至开始嘲笑她的可悲。

在日常生活中，我们或多或少也会遇到像祥林嫂这样的人物。他们不断地向身边所有的人诉说自己的困难遭遇，也会整天抱怨，絮絮叨叨，看什么事都不顺眼，不是抱怨这个就是抱怨那个。如果是你遇到了一位向你不断倾诉不幸遭遇的人，你会怎么想呢？或许你会在心里说："这个人好烦！"

蓝岚有一阵子跟老公相处得不大好，常常起口角。受了委屈的她只好找人诉苦，以减轻心中的压力。她找到的诉苦对象是他先生的大嫂，大嫂非常有耐心地跟她聊了两个钟头，也顺着她的话把小叔说了一顿，使她得到一些温暖的支持。

不过，就在蓝岚说完"感激不尽"后没多久，婆婆打电话来了，隔壁邻居的大婶也来问他们夫妻发生了什么事……一个月后，夫妻俩已经决定冰释前嫌，达成协议，但还会有好事者问蓝岚："你和你先生现在怎么样了？"连蓝岚的先生也被这种问题问得头皮发麻。蓝岚真的很后悔向大嫂诉苦。

很多人喜欢在别人面前诉说自己公司和领导的不是，我常常听到这样的抱怨："我们老板很小气；副总一天到晚训斥我们；我们那个厂长一天到晚叫我们加班，也不多给加班费；我们公司最近业务不好，客户都在退货，我都不想干了，你那边有什么机会马上告诉我……"很多人都有这个毛病，其实，他们却不明白，逢人就诉苦的人到哪里都是不能用的，因为人家不敢用！

陈武刚是台湾人，50 岁的时候破产了，到处举债，能借的钱都借遍了，几乎走投无路。但他的太太却说："即使已经破产，口袋里根本没钱，我老公仍然每天穿着西装，打着领带，拎着公文包，开着车上班，像个董事长一样，不被失意打击……"

即使有一天你破产了，也不要逢人就诉说你的痛苦与遭遇。就算公司门一打开，只有两个人——一个是你，一个是清洁工，你也要像陈武刚一样，西装笔挺，自己泡杯咖啡，像个董事长一样坐在那里上班。

因为人是很奇怪的，你活得像个董事长，你就是个老板，没多久机会就会来了。陈武刚就是如此，很快他就有了一个机会，那就是克丽缇娜，简称克缇，开启了直销业的大门。

第9课 性格沉稳显大气洒脱

陈武刚于 1989 年在台湾创立克丽缇娜，17 年来把克丽缇娜打造成了一个成功的直销商：连续数年蝉联台湾直销冠军宝座，并由台湾地区发展到大陆，近 3000 家克丽缇娜美容连锁店遍布中国各大城市街头。当前，克丽缇娜更是迈开了国际化步伐，产业遍布 13 个国家和地区……

一般人活到 50 岁能守成已经不易，陈武刚却有雄心东山再起，于半百之龄创立直销事业。他有个很著名的"蜘蛛理论"：蜘蛛在没有织好网以前绝对不随便出击。蜘蛛结网都是有顺序的，先经后纬，一旦网络架好，蜘蛛就守候在旁随时等待机会，任何小猎物一旦触网，它都能迅速反应。

抱怨是最毫无意义的思想举动。不管是针对人还是针对不同的生活环境，抱怨只会让我们的情绪越来越糟糕，甚至不受控制做出一些无礼行为。例如丈夫收入低，无法满足你的购物欲望，你长久的抱怨只会让他对你反感，甚至让他认定他就是这样胸无大志、一辈子庸庸碌碌的人。

古语有云"乾天也，故称父，坤地也，故称母"，坤指的是大地，而女人本属坤，女人就应该具备像土地一样的宽阔沉稳。不断地抱怨，唠叨对生活的不满，只会让你像个怨妇一样肤浅无知，还会影响你与倾诉对象的心情。

而现今很多女孩子在遇到不顺心的事情时，就会变得脆弱无比，只想找个人大倒苦水，以获得他人的同情和认可。然而这并不是一个好方法，因为苦只会越诉越多，当你养成了怨天尤人的坏习惯时，就会在不知不觉中养成一种依赖性，久而久之你就会成为一个遇到任何事情都不敢面对的弱者。

所以，年轻的女孩子不要逢人便诉说自己的不幸遭遇，二十几岁的你应该学着坚强，学会担当，遇到任何困难都要想方设法跨过去，而不应该逃避退缩，更不应该向所有人都昭示你遇到的困难，可能刚开始他人会出于好心帮助你，但是随着时间的推移，只会让人越来越瞧不起你。因此，年轻的女孩遇到困难时一定要坚强面对，或者选择写日记的方式进行自我发泄，相信这样做你会越来越强大。

3. 不要一有机会就唠叨你的不满

当我们看到一个人常常笑意盈盈、优雅娴静，仿佛从来没有遇到过令她不满和值得抱怨唠叨的事情，她看上去很幸福。实际上并非如此。这个世界上，谁都不可能一帆风顺，关键是看一个人的心态。生活里离不开坎坷与苦难，无论是面对事或者人，如果我们不能试着去改变，与其愤怒，不如怀着理解的心态给生活一个微笑。声嘶力竭地与别人争论并不能赢得所谓的自尊，反而让我们丢掉自尊。

有很多女人喜欢谈论家庭，这大概是因为男人和女人性格的不同：男人对事业和金钱比较有兴趣，女人则对老公和孩子比较关注。有的女人一上班，就开始聊自己的家事，想在别人面前批评自己的孩子，诉说自己和老公或公婆的矛盾，等等，这样不但不会受到尊敬，反而会变成人家的笑柄。

大学毕业后，友善去一家公司应聘信息员职位，一路上过关斩将，终于到了老板面试这一关。谁知那位老板只是和她简单地交谈了几句，看了看她的简历，就说："对不起，我们不能录用你——你连自己的简历都保管不好，我们怎么放心把工作交给你呢？"

原来早上临出发时，友善走得急，一不小心碰翻了茶杯，溅湿了简历，再重做一份已经来不及了，她只好带着那份留有水渍、皱巴巴的简历前来应聘，谁知问题就出在了这上面。

这能怪谁呢？回家后，友善没有丝毫抱怨，没有埋怨那个老板小题大做，她只是非常认真地用钢笔抄写了一份简历，并给那家公司的老板写了一封信，信中写道："贵公司是我心仪已久的单位。您对我的近乎苛刻的要求，正反映了贵公司在管理上的认真与严谨、精益求精，这也是贵公司长久以来保持兴旺发达之所在。我一定铭记您的教诲，在今后的工作中尽心尽责，一丝不苟。"友善发自肺腑的话语，详略得当的简历，以及娟秀清丽的笔迹，让对方眼睛一亮，当即打电话通知她第二天来公司报到。

友善的做法无疑是正确的，因为她在遇到不公正的待遇后，首先想到的不是抱怨老板的不近人情，而是立刻采取补救措施，为自己制造新的机会。因此，不要抱怨你受到的不公平对待，"存在就是合理的"，你所受到的待遇是有它"存在"的背景、条件和原因的。一个失败的人，自身肯定会有欠缺的地方。与其抱怨别人，不如改变自己，你自己改变了，一切都有可能改观。

当你在社会上行走，与人打交道的时候，如果你总是唠叨抱怨，身边一定没有朋友。不要一有机会就唠叨你的不满，因为喜欢唠叨的人，很容易被人认为是做事不太牢靠的人。

柳玫在一家汽车销售公司做销售顾问，从接待第一个客户起，她就一直抱怨这份工作承受的委屈太大：客户不满就要找她麻烦，销售成绩不好，经理也要找她麻烦，客户买的车出了问题还要找她麻烦。其实，这些事情都是理所当然的，然而她却整天把这些抱怨挂在嘴边，弄得同事们心情也跟着不好，都以为自己受了天大的委屈似的。慢慢地，经理对她意见越来越大，她对工作越来越不满，跟她一块进公司工作的同事大都因业绩提升而加了工资，而她却还整天在抱怨中工作。久而久之，同事都渐渐地疏远了她，经理也对她失去了信心，提醒她再不把精力放在工作上，小心工作不保。

二十几岁的女孩要知道，世界上永远没有绝对的公平或不公平。如果不能摘下个人感情的有色眼镜，保持端正的心态，用潇洒豁达的人生态度去生活，那么你将永远找不到公平，永远活在抱怨的天空下。更何况，公平不公平对每个人来说真的那么重要吗？我们真的需要那些所谓的公平吗？谁都无法否认，在很多时候，公平不公平其实并不重要。让人们耿耿于怀、愤愤不平的所谓公平，不过是人们进行争斗的借口，或者说是"抱怨症"患者的偶尔发作而已。

完美的人生和事事如意的人生都是我们对生活的一种遐想，正是因为我们尝遍了人生苦涩，才有了这种不切实际的渴望。其实，只要你心态端正，始终不放弃希望，即使遇到再大的挫折，你也会把它看成是生命的恩赐，因为挫折能够使你快速成长起来。

4. 重要的决定尽量和他人商量，最好隔一天再发布

很多女孩都曾经为自己某一刻所做的决定后悔过：和朋友争论时说绝交的话语；不分青红皂白就把职员辞退；在怒火中烧的时候提出与另一半分手……大多数时候这些决定都是在人最生气的时候做出的决定，过后却是后悔莫及，可是悔之晚矣。重要的决定尽量和他人商量，最好隔一天再发布。

人生是一个不断地选择的过程，有些选择或许无关紧要，有些选择却事关大局；有些失误可以尽力弥补，有些却无力回天。所以在做任何决定的时候都要尽量与他人商量，或者即使已经决定也不要马上公布，要给自己留下更多思考的空间，不要让自己做出无法挽回的决定，终生后悔。

文蔷的儿子现在已经大学毕业，并且有了自己的事业，但是有一

件事一直让文蔷感到心痛。

那是很久之前发生的一件事情，她的儿子非常喜欢摇滚音乐，他自己用零花钱买了很多摇滚CD，还有文蔷和他爸爸送的。在他上初三的那一年，因为儿子有一次考试没有及格，她一怒之下扔掉了儿子所有的CD。儿子连忙跑出去看，却怎么也没有找到。

那天晚上，儿子把自己关在房间里，一句话也没有说。文蔷感到有点后悔，怪自己不该那么冲动。于是她买来几张经典的摇滚CD送给儿子，没想到儿子笑笑说："我现在已经不喜欢听摇滚乐了。"

文蔷没有想到，自己的这个处罚深深伤害了儿子，从那以后，她再也没有见过儿子听摇滚乐，也不再收藏这方面的CD。一想到这点，文蔷就感到非常心痛。有一次吃晚饭的时候，文蔷和已经参加工作的儿子聊起这段往事。她说："儿子，你还记得你上初中的时候，妈妈把你的所有的CD扔掉了吗？"

儿子低着头说道："是吗？"意思就是："妈妈，以后这件事不要再提了，这是我最伤心的记忆。"文蔷只好低头吃饭。这件事给了文蔷很大的教训，她告诉自己，以后不管做任何决定都不要立即实施，至少要隔上一夜。

后来也是这个教训帮助了她。她有一个下属因为做错了一些事情，文蔷决定开除他，人事命令都签好了。但是第二天早上，文蔷就撕掉了它。因为下属犯的错也没有严重到要开除的地步，而且他踏实上进，头脑聪明，其实是一个非常不错的员工。后来，这名下属果真为公司带来了不少的利润。

一个沉稳的人不会马上就作出重大决策，而且会尽量先跟别人磋商。另外，一定要记住，重大决定至少要隔夜发布，因为很可能一觉醒来，你的想法就完全不同了。而且人在生气的时候也是你血液沸腾、怒气冲天的时候。

二十几岁的你请控制你的情绪，并且永远不要在生气的时候做决定，因为这通常是一个会让你非常后悔的决定。生气的时候，智商、情商都会降低，故而在生气的时候做决定，会影响对事情的分析及结果的有效性。

一位猎人上山打猎，走了几个小时。猎物没有看到，口渴却越来越厉害。后来，在一个山谷间，他见有水滴从上面流下来。猎人非常高兴，从皮袋里取出金属杯子，耐着性子用杯子接流下来的水。

水接到七八分满时，他高兴地把杯子拿到嘴边，就在此时，一股急风猛然把杯子从他手里打了下来，猎人非常气愤，抬头却看见自己的爱鹰在上空盘旋，却又无可奈何，只好重新拾起杯，继续接水。

可是鹰又把水杯给弄翻了，猎人怒到极点。他一声不响，从地上捡起水杯接水。当水滴到七八分满时，他悄悄取出利刀，夹在掌心，然后把杯子慢慢往嘴边移近。老鹰再次向他飞来，猎人迅速拿出利刀，把鹰杀死了，杯子也掉进了山谷。

猎人心想，既然有水从山上流下来，上面也许有蓄水的地方。于是，他忍着口渴，拼尽力气终于攀到山顶上，那里果然有一个蓄水的池塘。猎人兴奋极了，立刻弯下身子，想要喝个饱，却忽然看见池塘边有一条毒蛇的尸体。

这时，猎人才恍然大悟："原来飞鹰救了我一命，它几次打翻我手中的水，我才没有喝下受蛇毒污染的池水而被毒死。"

人在愤怒的时候，智商是最低的。在愤怒的关头，人们会做出非常愚蠢的决定而自以为是，也会做出非常危险的举动而大义凛然。这个时候所做的决定，90%以上都是极端的错误。

因生气而做出错误决定的事，每个人身上都发生过。如果你没有被那错误的决定所伤害，那要感到庆幸，但幸运并不一定永远垂青。

第9课 性格沉稳显大气洒脱

所以二十几岁的女孩要想把握自己的一生使之不偏离轨道，就请记住这句忠告："一个人的时候不要急于作任何决定，尤其是非常重要的决定，它不仅关乎你自己，同时也关乎他人的想法。"因此在做决定之前最好找个可靠的人商量一下，这样也可以避免错误的发生。

第10课

好的婚姻依赖于智慧选择

选择一个对的男人就像大浪淘沙，我们不仅需要慧眼识人的本事，还需要有精于选择的智慧。因为很多时候，改变婚姻命运的王牌就紧捏在我们自己手里。

1. 选择什么样的男人，将决定你后半生的命运走势

女孩不能因为寂寞去随意爱上一个人，却又在爱与被爱中踌躇不定。一个女人最美丽的时刻便是披上婚纱、踏上红地毯的那一刻，世界也将为之黯然失色。然而如何选择男人却成了当代女孩的一大难题。

一些女孩比较赞赏一句歌词"好男人不会让心爱的女人受一点点伤"，但好男人究竟在哪里，让女孩甚是纠结。谁都清楚，选择什么样的男人，将决定自己后半生的命运走势。也分析出潜力股男与现成男这两种类型的男人，然而选择男人并不是光看他个人的前程问题，毕竟婚姻更需要精神层面的扶持。

王宝钏为相府千金，抛绣球选婿，砸中了家徒四壁的薛平贵，父母不允，意图悔婚，而王宝钏却认定了薛平贵，与父亲三击掌，断了所有情分。王宝钏嫁给了深爱着的薛平贵，但不久薛平贵从军西征，被敌军所俘。结果薛平贵被玳瓒公主看上，招为驸马。薛平贵就此过上了富足幸福的生活。而王宝钏却忍饥挨饿，以挖野菜度日，苦苦坚守对薛平贵的爱。

王宝钏这一等就是整整18年，当薛平贵站在她面前，王宝钏甚至已认不出他。令人发指的是，薛平贵利用了这一点去假意调戏，以试王宝钏的忠贞，如果他不满意，就打算割下人头，向玳瓒公主邀媚去。

但最终，王宝钏凭借对薛平贵至死不渝的爱让夫妻相认，从此王宝钏和玳瓒公主共事一夫。本以为这就是美好的结局，但18天后，

王宝钏死了，没能将这份虚晃的爱情维持到天长地久。

往往自己需要什么样的男人，又需要怎样的生活，在恋爱期间是想不清楚的。也因此，这造成很多女孩子婚姻的失意。

如何选个合适的人做老婆、做老公，不是一件容易的事情，初恋时的我们也许并不懂得爱情，然而走入了婚姻，爱情就会被赋予新的定义。

有一次《咏乐汇》在节目录制中，李咏在现场准备了一个辩论题："女人是嫁得好重要，还是干得好重要？"男性观众代表认为，女人嫁得好重要，女性观众代表也不示弱，申明干得好比嫁得好重要。正当双方激辩难分的时候，女方嘉宾给出了一个智慧的回答："女人干得好是基础，嫁得好是必要。"这一回答博得现场女观众的一片掌声。

现今火暴中国的动画大片《喜羊羊与灰太狼》，不仅抓住了小朋友们的心，成年人也同样很是喜欢。喜羊羊的聪明伶俐深得大家推崇，而灰太狼的执著于对妻子的万般宠爱更是让女孩子为之尖叫。"要嫁就嫁灰太狼"更是风靡全球女孩子的耳膜。

再出色的女人，如果身边没有一个疼爱自己的好老公，也会备感凄凉。现在很多年轻女人眼高于顶，或者信奉"单身主义"，可是却常常在无人时感到寂寥无助。不管怎样，女人终归都要找一个好的归宿。

一个温馨的小家，一个可靠的男人，永远都是女人最好的归宿。不管你现在多么强，可是当你倦了、累了的时候，能够有人为你遮风挡雨，那无疑是一种难言的幸福。家对于女人来说，就是这样一个感情的港湾，是一个灵魂的栖息地，是一个精神的乐园，是一个女人脚下最坚实的土地。优秀的女人们，不要再犹豫徘徊了，从现在开始就去寻找属于你的幸福吧，相信找到一个好老公的你会生活得更加快乐幸福。

2. 一个优秀的女孩，不会花大把的时间沉溺在偶像剧里

近年来席卷全球的青春偶像剧不断扼杀无数青春美少女多少个日日夜夜，让一张张俏丽的容颜在不惜熬夜、通宵达旦中毁得暗淡无光，熊猫眼更是省去了眼影的花销。偶像剧中的白马王子与灰姑娘的确是女孩们的向往，但它是虚构的，完全脱离现实，然而女孩却无法从那些虚构的美好中挣脱出来。

那些偶像剧充分满足了女孩对爱情的幻想，更加坚定了女孩对此向往的决定。偶像剧中的童话只是对我们心灵小小的一个安慰，它是超越了生活的，女孩子不应该再沉溺于这种造假的童话氛围里了，有时间不如多看一些能够帮助自己的节目。

想了解社会并不能通过那些泡沫偶像剧，它只会影响我们的人生观与价值观，像一夜间一贫如洗或是一夜暴富在生活里或许会有，但不会像偶像剧中演得那么唯美与不切实际，爱情与亲情也并非剧中那样决绝与残忍，那是对我们判断能力的严重扭曲。因此，远离泡沫偶像剧，一个优秀的女孩，是不会花大把的时间沉溺其中的。

然而综观现实社会，沉迷在偶像剧中的年轻女孩数不胜数，尤其是韩国的偶像剧，因为在那些偶像剧里，男主角都是多金又帅气，而且上演的都是王子与灰姑娘的戏码。这也正符合现在年轻女孩子的幻想，她们也渴望有一天能够遇到像偶像剧里的白马王子，能够为自己创造一个个浪漫的童话，可以为了平凡的自己而抵御比自己条件好百倍的女孩子。而且他们的身份不是家族企业的继承人，就是跨国公司的年轻董事长。

正因为如此，连韩国都成为了很多年轻女孩完成"爱情梦想"的圣地。甚至她们常常将自己想象成剧中的女主角，沉浸其中无法自拔。其实，年轻的女孩子存在浪漫的爱情幻想也无可厚非，面对现实

的枯燥和乏味时，的确需要寻找心理安慰。

于是许多女孩子们依靠韩剧寻找这种安慰：剧中总会跳出一位王子和自己上演一段奇遇，最终有一个完美的结局。但是现实中沉溺于偶像剧中的女孩子们，经常处于水深火热之中，"月光族"的她们工资卡经常透支；一件名牌衣服就让她们犹豫一两个月；想要和很久不见的朋友"煲"电话，还要等到优惠的时间……在艰难的现实中，想要摆脱这些不尽如人意的"困境"，偶像剧就成为许多女孩子的救星，这是达到目的的"捷径"，而且不需要痛苦和努力。

女孩子这种"求助"偶像剧做法从根本上说是对现实的逃避。值得注意的是，沉迷于偶像剧还会影响人的判断思维，使人养成懒于思考的习惯。并且剧情会影响你的世界观、人生观和价值观。它就像一个现实的麻醉剂，让人做几个美妙的白日梦，醒来依旧在床上。所以，睁开你的眼睛，偶像剧只是一种娱乐方式，它只能作为消除疲乏和放松的工具。生活中既没有偶像剧中的惊奇，也不是只喜欢爱情不要面包，自然，生活中的男人与偶像剧中的也不一样。

让我们看看那些成功的女性，有谁是整天沉迷在虚拟的偶像剧中取得成功的？基本没有，因为聪明能干的女人从来不会把时间浪费在这些无谓的事情上。她们宁愿多读一些有益身心的书籍，或者参加一些有意义的活动，也绝对不允许自己将时间白白消耗，这也正是她们之所以能取得成功的原因。

偶像剧会给我们带来很多不良影响。所以，年轻的女孩，应当珍惜现下的大好时光，因为女孩到了二十几岁就要开始为自己的人生做好负责的准备，如果总是这样虚度年华，最终受害的还是自己。

沉迷在偶像剧里的年轻女孩应该早点醒悟过来，要知道，真正的幸福和成功不是想象得来的，它需要我们付出辛苦和努力，经过无数风雨，用双手创造出来的。如果你想要变得优秀，如果你也想成为一个成功的知性女性，那么你应该把看偶像剧的时间和精力拿来，没事逛逛书店，或者经常看一些对自己有所帮助和启发的电视节目。

每个女孩都渴望成功，渴望遇到自己心仪的对象，但是如果将时间都浪费在了白日梦上，最终你将一无所有。所以，我们要打破现实中阻碍你成为优秀女孩的羁绊，去努力寻找自己的幸福，创造自己的精彩剧情。

3. 女孩不要为了结婚而结婚，更不要为了某些目的而结婚

有人说："爱情不如面包来得实在，而物质要比爱情更可靠。年轻气盛的时候，你或许可以像那些青春小少女一样谈谈恋爱、约约会，偶尔的花前月下、游湖赏花算是对自己的青春有所交代，一旦谈婚论嫁，可要睁大双眼，没钱的日子去过油盐酱醋等于慢性自杀。"

真是这样吗？

女孩子千万不要为了某些目的而去结婚，结婚是件非常单纯的事情，相信每个女孩都是渴望着爱情的。当女孩遇到自己深爱的那个人时，就会发现，想跟他在一起，无所谓贫富与生死。女孩不要为了结婚而结婚，更不要为了某些目的而结婚。

的确如此，在没有遇到适合你的那个人之前，你可能会觉得结婚需要考虑的东西太多了，但当你真正遇见他时，你会发现原来一切的一切都不是问题。为爱结婚，的确是一件非常单纯的事情。

范莹莹在父母的安排下又一次来到楼下的快餐厅相亲，她像例行公事地按时赴约。对方是个还算优秀的男人，听说有车有房，有家小公司，这是范莹莹最在乎的。虽然他长相普通，与天生丽质的范莹莹站在一起，有点像是癞蛤蟆拉着天鹅的手，但并不在她的考虑范围内。

"这女孩不错，就她了。"当中间人传达了男方的意见后，两个人

开始正式交往。顺序大概就是那样，很快两个人步入婚姻的殿堂，范莹莹过上了奢华的生活，不愿意做饭直接打电话订餐，懒得收拾家务找钟点工，穿名牌衣服，首饰、包包不定期更换，她仿若从平民成为皇后。然而，丈夫一个月也只有两三天在家，偶尔想起他时打个电话，接电话的往往是女人。她听得出很多次对面的声音不同，却都声称是他的秘书，在开会或者接见重要客户，通话不了了之。

一个月、两个月、一年，她像个透明人一样顶着个虚化的头衔做富家太太。终有一天范莹莹忍受不住这种生活，向那男人提出了离婚，而那个男人却连问都不问就直接同意了，但家产范莹莹一分没有。

结婚是没有任何目的的，婚姻就是两个相爱的人携手共度一生的避风港，它没有任何的利益冲突，没有任何的算计，更不是为了达到自己的目的而借用的一种手段。带有功利性的婚姻不会幸福，没有爱情做基础的婚姻土崩瓦解是迟早的事情。

两个人因为有爱而走进婚姻，才能最终获得幸福。二十几岁的女孩，如果你还徘徊在婚姻的围城外，那么在踏进围城的时候一定要慎重考虑，不要因为害怕成为剩女而草率结婚，更不要为了嫁进"豪门"而让自己与一个不爱的男人结婚。或许感情是可以培养的，但是想要获得幸福的前提是好感、是爱。所以，不管你的年龄现在到了哪个阶段，都不要把结婚当做玩笑，因为一辈子的幸福就在你一瞬间的决定。只有为爱结婚，才能获得单纯的幸福。

4. 女孩是一杯清茶，一定要留给会品的人

爱与懂我们习惯混淆，总认为爱即是懂。然而，爱人的眼睛似乎蒙上一层雾，虽时刻琢磨女孩的心思，却看不透，猜不到，最后落得

"女人心海底针"。

当爱了才发现，爱原来会累，本该轻松的状态，在越来越多的矛盾中如担千斤石，爱得精疲力竭，爱到乏味。"为什么你就是不理解我？"女孩在心破碎的前一刻问出茫然，而男孩却给不出答案，只能甩过一句："你何曾理解过我？"并非因此他不爱你，只是他不懂你。

女孩就像一杯清茶，只有遇到真正懂得品尝的男人，才能体会到你的全部，一生爱护你。以一双大脚著称的马皇后是朱元璋的元配，算是个草莽皇后。这个和尚出身的皇帝，虽毛病不少，但是他有个最大的长处，就是善于发现别人的优点，例如，对于马皇后的大脚，他这么说："在一片小脚中，那就是一种健康美。"正是由于他对马皇后的欣赏，才能使得他们的关系始终如一。

刘娜原本是个在市场里卖盒饭的小丫头，每天只知道洗碗、盛饭、擦桌子，从没想过要改变自己的生活状态，也不敢想今后要走什么样的路。

直到有一天她遇到了比他大三岁的丈夫。丈夫是农民出身，虽然没有太高的学历，但是喜欢看书，知识渊博。他经常把外边世界的新奇讲给刘娜听，勾起了刘娜无限的向往。刘娜开始想着改变自己，闲下来的时候，她也开始看起书来。

儿子上了小学，她想出去工作，丈夫却鼓励他去读书。刚开始刘娜还有所顾忌，她担心自己底子薄，跟不上那些十八九岁的年轻人。丈夫看出她的疑虑后，一遍一遍地给她做思想工作，发现并反复肯定她的长处："你的模仿能力很强，又喜欢画画，干脆去学美术吧！"在丈夫不断鼓劲和忙前忙后的张罗之下，刘娜终于打算鼓足勇气一试。丈夫帮她报了一个考前培训班，半年以后，她顺利地考上了西南师范大学美术学院成教班，人生从此迈上一个崭新的境界。

进入大学校园的刘娜，十分珍惜自己这来之不易的机会，努力学习专业绘画技巧和文化知识，不仅进步得很快，人也随之自信起来了。

丈夫是个对各个方面都涉猎广泛的人，而且十分有钻研精神，只要是他感兴趣的东西，他都会想办法研究得很透彻。有这样一个丈夫，让刘娜觉得就像是随身携带了百科全书一样，底气十足。她自己也在丈夫的熏陶之下知识日益丰富起来。

当她在工作上遇到困难的时候，丈夫除了鼓励之外，总能出谋划策地为她想出许多解决方法。多年来，刘娜对丈夫的崇拜有增无减："我的成功，完全归功于我的丈夫。他总能看到我的优点和长处，并鼓励我不断地展现自我，把这些长处发挥出来。让我变得越来越充满自信。"

苏永康的《让懂你的人爱你》唱道："让懂你的人爱你，重选一份值得坚持的感情，爱只要有一点点冲动就可以，了解却少些默契都不行。让懂你的人爱你，别舍不得过去只为了可惜，相爱不只是走进对方的生活，更要能走入彼此的生命。"

一些女孩认为，懂我不如爱我，起码后者能让我活得舒服。其实真的未必。时常看到的那些怨偶，不是因为不爱，而是因为不会爱。人世间，那些彼此折磨得最痛的男女，不是因为不爱，而是因为不懂得欣赏对方。

一对白发苍苍的老夫妇，一生都很恩爱。有很多羡慕他们感情的年轻人经常问他们："您二位是怎样保持爱情的温度，能让它经久不衰的？"

老夫妇笑着回答说："在生活中，你要不断回想当初你为什么会选你身边的这个人，时刻记住他的优点，也要清楚他当初选择你的理由，并不断地保持下去。那么你就能一直都发现爱情的美丽之处了。许多人会觉得不幸福，是因为他们总在追求没有得到的爱情，却忽视了珍惜眼前的人。"

一杯清茶可能其貌不扬，但芳香四溢。饮前静观，一片片茶叶在杯中上下翻腾，就如同你坐观天空中的云卷云舒；每一次冲泡，色彩随着袅袅上升的白雾而变化的茶水，让你的想象每一次不同。饮后细品，那种浸润的淡淡清香，让你想到的是空谷幽兰；那种先苦后甜的刺激，让你品到的是多彩人生。一个好女人，男人细品精读后，定然会感觉至美。也只有感觉到好女人至美的男人，才不会辜负好女人，才值得好女人为他付出！

相对于男人，女人就是一件艺术品，而男人就是收藏家。一件艺术品只有在深知其艺术价值并痴爱着它的收藏家那里才能是真正的艺术品，才能体现它真正的价值；一幅价值连城的字画，在一个目不识丁的庄稼汉那里，其价值远不如一头牛来得实惠。所以，女人只有嫁给一个懂得欣赏你、犹如痴迷于一件心爱的艺术品那样痴迷于你的男人你才可能幸福，否则，宁可孤芳自赏也不要轻易地把自己嫁出去。

第11课

爱情跟婚姻是可以共同拥有的

当女孩遇到自己深爱的那个人时就会发现，如果真想跟他在一起，那么一切的不对等都是可以放开的。很多时候，爱情和婚姻完全可以共同拥有，只要你善于经营。

1. 所谓婚姻是爱情的坟墓，只能说双方
不懂得如何去经营爱情

有人说："婚姻就像一瓶香水，刚打开的时候，味道很浓郁怡人，可随着时间的流逝，香味变淡，没过多久，消失殆尽，只剩下一瓶曾经芳香过的水。"二十几岁的女人要使自己的婚姻保持初始时的芳香，就要不断增加香料，至于要添加什么样的香料，怎样添加，则要靠婚姻中的女人自己去细心体会。通俗一点来说就是，婚姻需要认真经营。

有一位雕刻家，他的前妻十分漂亮，且受过相当高的教育，治家也很有方，属于那种人见人爱的女性。然而他们终于离异了。而他的第二任太太，既不会理家，也不会带孩子，家里经常弄得一塌糊涂，可是他们夫妇之间的感情却甚笃。就连柏杨先生这样的婚姻问题大家都感到百思不得其解，惊呼没有了逻辑，没有了人之常情。

原来第二任太太对他的丈夫，有她自己的一套经营婚姻的方法。丈夫雕刻的时候，她常常沐浴更衣，洒上香水，穿上睡袍，歪倒在沙发上，使长发垂地，斜着眼睛看自己的丈夫创作，还时不时地说上一句："你这一刀刻得妙极了，简直使这个人像栩栩如生，叫人看了连汗毛都舒服。"男人都喜欢被自己心爱的女人吹捧，尤其喜欢这个女人欣赏他的工作和事业。雕刻家在妻子极富挑逗性的打扮和热情的吹捧下，对妻子的爱与日剧增。

婚姻并非爱情的坟墓，只是我们不懂得如何去经营爱情，两个人结合是因爱，彼此之间曾出现过的心动并非一时错觉。那种山盟海誓、吟诗作画、赏月观花的浪漫爱情太过理想化，而婚姻中的爱情已

经融化在了生活中：共同买菜做饭、擦地洗碗，休闲时为对方捧来一杯香茶，出门前嘱咐一声"注意安全，小心身体"……这些全部是爱的体现，真的很简单。婚姻中的爱已由誓言转化成了行动，是责任，虽然平凡甚至烦琐，但一饭一粥的温暖直逼心底。

婚姻之所以在时间的流逝中渐渐失去了爱情鲜明而浪漫的色彩，是因为夫妻双方把精力投向了别处，这并不是爱情的消逝，而是两个人对爱情的忽略。只要多花一些心思在感情上，你们的爱情就能够以一种更加温情的面貌与婚姻同在。

相爱容易相处难，现实的爱情不一定有惊天动地的举动才叫精彩，感情也并非一定要有山盟海誓的承诺才算真爱。真实的生活有时是很琐碎、冗长和沉闷的，在生活中会有很多机械式的重复。

爱情上始终有灰尘，恋爱时候的女人从不细细体味，只知道享受索取，灰尘很轻易地被忽略。一旦步入婚姻女人则开始认真品味两人之间的生活，这时灰尘已经很厚很厚，爱情被掩盖，所以很多女人看不到爱，只剩下满心的抱怨与指责。

当我们开始指责婚姻时，应该明白这不是婚姻的错，是我们对爱情和婚姻的不理解，是我们对婚姻中爱情的熟视无睹。爱情并没有消失，婚姻中的爱情在散乱的生活细节中，它需要我们用心去感受。所谓细微之处见真情，信任、理解和包容才能创造出幸福婚姻。

婚姻生活离不开一日三餐，离不开锅碗瓢盆油盐酱醋，从来没听说哪一对白头到老的夫妻是吃一辈子馆子活着的；也从来没听说哪一对白头偕老的夫妻是在浪漫的鲜花丛中度过一辈子的。

所以，我们不能一辈子追求新鲜的刺激，不能永远飞翔在不食人间烟火的天空，而应该回到现实中来，接纳生活中的平淡，享受生活中的平淡，甚至是追求生活中的平淡。爱情的模式有很多种，它可以是红酒鲜花的烛光晚餐、含情脉脉的柔情蜜意，也可以是相对无语的粗茶淡饭、平平淡淡的闲话家常。只要你拥有了这份享受平淡的能力和勇气，那么你的婚姻就不会是爱情的坟墓，而是爱情的天堂。

第 *11* 课 爱情跟婚姻是可以共同拥有的

2. 婚姻的强韧纽带不是孩子和金钱，
而是精神的共同成长

女孩应该明白，婚姻中最强韧的纽带不是孩子，也不是金钱，而是精神的共同成长。一些女孩结婚后，将自己的全部心思放在孩子身上，或者因为生活的拮据，而更注重金钱，这都是造成婚姻问题的关键。我们需要的不是寄托，也非依赖，必须摒除这种惰性思维，女人营造幸福家庭是首要，我们更需要精神上的富足与扶持。

夫妻之间只要能建立起良好的沟通与理解，贫困中的不安便不再是焦虑的源头；当我们了解到"知足常乐"的真正含义，把生活中遇到的所有问题看成是"我们共同的问题"来对待，并不分你我携手承担人生中的起起落落，婚姻的船只才会向幸福靠岸。

陈雪结婚还不到两年便时常对朋友抱怨说："我现在根本就不愿意和丈夫在一起交流，你知道他每天都在干什么吗？喝酒，会宴，几乎一周总有一天不回家。如今孩子都一岁了，我估计他都没抱过几次。每天不是我操心这个家，这日子还真的就没法过了。我怎么会有这么个丈夫？"

有一次，陈雪终于忍不住和丈夫大吵了一通，丈夫也十分愤怒。一旁的孩子在旁边哭叫个不停，陈雪也不管。丈夫忍无可忍推门而出，在附近的网吧给陈雪发了这样一封电子邮件："老婆，你总是说我这不对，那不好，可是我们结婚快两年，孩子也都能叫我爸爸了，可是你知道你老公每天都想的是什么？都在干什么吗？你知道你老公也需要有一个知音吗？你清楚你老公的缺点吗？你除了在老公心烦意乱的时候火上浇油，你还能教会你老公改正什么？我每天在外劳累奔波，有时候一天要去几个场合陪不同的客户，你有谅解过我的心情吗? 想想孩子的奶粉钱, 还有你平日买的化妆品、衣服, 不都是在我在外辛苦赚来的吗? 你为什么不能成为你丈夫的知音呢? 我们的婚姻怎么走到现在这种状况了呢?"

不一定将对方摆在丈夫的位置, 有时候将其看做朋友, 更能够将对方的心思看得通透明朗, 也能增加彼此的信赖感, 更会出于理解, 进而包容。

当我们最无助、最沮丧的时候, 有他拭去眼角的泪水, 扳直你的脊梁, 命令你坚强, 并不离不弃陪伴在你左右, 共同承担命运的坎途, 那时候, 在爱情中已经萌生出不离不弃的默契与刻骨铭心的恩情。

如果一个人脾气大的时候, 遇到不顺利的时候, 另一个总是很耐心, 彼此的关注使两个人在为对方着想的时候, 更多地体味到了幸福的含义。

爱情除了隐隐浮现的情愫, 更有一种责任与义气混在其中, 无论他生老病死, 或者家财亏空都与之相濡以沫。当你发脾气、埋怨、痛恨之时, 他都站立一旁, 并非置之不理, 而是同样在分享你愤怒的烟火, 他渴望帮你承担、帮你消除。婚姻唯有在两人互相的交好与精神互换中才能继续演奏出幸福的乐章。

结婚以后, 如果两个人在事业上也是一种相辅相成的局面, 每个人都在自己的领域里发展着自己又帮扶着对方, 家庭里不分你我, 社会上彼此分工合作, 这种若即若离, 却始终精神一体的情感才堪称最完美的协作。

3. 一个女孩事事好强未必是爱情的福音

常常听到人们说"男人靠征服世界来征服女人, 而女人靠征服男人来征服世界"。男人自古以来被当做女人的天。然而，现在已经不是过去那个男尊女卑的时代，当今社会倡导人人平等，因而很多女人开始独立，争取自己掌控命运，在许多方面与男人表现得不相上下，使得男人们赖以展示雄风的舞台越来越小。

有一个女人，她自幼就聪明绝顶，别人还在懵懂无知中度日的时候，她就很懂事了，是同龄人中的佼佼者。上学的时候，因为她看事太透彻，就连老师也对她多少有些畏惧，有时候你觉得可能隐藏得很深的小秘密，都能被她轻而易举地发现，并能一针见血地给你指出来，就连老师们也不能幸免。

她常说的一句话就是："别在我面前装，就你那点心眼，蒙不了我。"她也真是厉害，她高中上的是重点，大学上的是名牌，读研生的导师是知名女教授，读博士去了国外。但是这样优秀的人到了四十多岁还孤身一人，事业是不错，有名声有成果，可是她却常常叹息自己的人生，有一次她很不明白地问朋友："像我这样的女人，为什么到现在就没有一个男人追求我？"

女人太聪明，有时不免让人畏惧，男人都怕太过聪明的女人，而有一点"傻"的女人则更受欢迎。相对于太过聪明的女人，男人往往更愿意找一个傻一点、笨一点的老婆，那样他们才会轻松自由些，活出男人的自尊来。所以，收起锋芒，做个会装傻的聪明女人，在该聪明的时候才聪明，在该装傻的时候就装傻。

男人最怕女人工于心计、过分尖锐。再成熟的男人，也希望自己爱着的女人给他宽容和理解，又希望她有一份童心，能跟自己傻傻地、真实地相处。与这种"傻"女人在一起，男人觉得既安全又温馨。

和铉就要和她的未婚妻结婚了，可是他们最终也没能踏进婚姻的殿堂，究竟是什么原因呢？原来和铉爱好打牌，没事的时候就会叫上朋友和他的老婆一起，四个人二对二。和铉的未婚妻是理科出身，打牌的时候特别会算计，又好胜，说话还不饶人。每次和铉出错牌，她都会当场指正，完全不留情面，让他在朋友面前很没有面子。

本来和铉打牌就是为了放松神经，可是在未婚妻看来打牌也要像做功课一样。于是和铉和她分手了。这当然不是为了打牌这样的小事，因为她的自恃聪明和尖锐的个性也在生活中展现得淋漓尽致。

后来，和铉又找了一个女朋友，现在他们已经结婚了。他还是会带妻子去打牌，但是他偶尔出错牌，妻子会很宽容地笑笑或扮个鬼脸；到了决胜负关键时刻，她还会偷偷给和铉递暗号。他觉得妻子真的很"傻"很可爱。而且她"傻"的地方还有很多，比如在和铉生日的时候，她会花一整天做生日贺卡，而不是花几分钟去店里买；每天会做好饭等他回家，哪怕一个人趴在桌子上睡觉也要等到他回来……和铉对朋友说起妻子一脸甜蜜："她真是"傻"得没法不让我深深地爱惜她。"

大家都知道《红楼梦》中聪敏的王熙凤，她混在贾府这个环境中，呼风唤雨，使尽各种计谋，算计各种人，到头来也只换来了贾府上下人等的不满，落得个"机关算尽太聪明，反误了卿卿性命"的下场。

现实生活中像王熙凤那样聪明精干的女人也不在少数，但是真正大智慧的女人应当学会隐藏自己，尤其是在心爱的丈夫面前，如果事事都想展现你"女强人"的风貌，那么最后也只能让男人离你越来越远。所以，装傻是聪明女人应当掌握的一门艺术，也是女人获得男人长期疼爱和幸福的最佳法宝。

第 11 课 爱情跟婚姻是可以共同拥有的

4. 感恩之心，是幸福婚姻的基石

"我来自偶然，像一颗尘土，有谁看出我的脆弱。我来自何方，我情归何处，谁在下一刻呼唤我，天地虽宽，这条路却难走。我看遍这人间坎坷辛苦，我还有多少爱，我还有多少泪，要苍天知道我不认输。感恩的心，感谢有你，伴我一生，让我有勇气做我自己……"

人生路漫漫，人不会因为累而选择死亡，不过烦恼却是毁灭希望的劲敌。周围的亲人、朋友，将我们满腹的牢骚与不满分割去一角，而真正能体谅与包容、温暖我们双手的往往是那具伟岸的身影。我们在感谢他人的同时，是否有记得对那个爱你的人说声"谢谢"！

拥有一颗感恩之心，对身边每一位付出关爱的人一份回馈，更是对爱人一生的承诺，感恩之心才是幸福婚姻的基石。

几十年前，一个男孩对一个女孩说"如果我只有一碗粥，我会把一半给我母亲，另一半就给你"。于是女孩喜欢上了这个男孩。

有一次村里发大水，男孩忙着去救别人，却没有去救女孩。别人问他为什么，男孩说："如果她死了我也不会独自活在这个世上。"这一年女孩20岁，男孩22岁，女孩嫁给了男孩。

在闹饥荒的年月里，两人只有一碗粥，他们互相谦让，都想让对方吃，结果这碗粥三天后发了霉。那时他们分别是40岁和42岁。

他52岁那年，因家庭成分不好被挂上牌子批斗，已经50岁的她心甘情愿地陪伴他。

她告诉他："无论有多大的苦和多大的难，你是我生命中唯一的支流，我永远是你爱的源头。"

许多年过去了，他们成了70岁的老人。在一次乘公共汽车时，有一位年轻人给他们让座，他们谁都不肯自己坐下来而让对方站着，于是两个人紧紧靠在一起抓着扶手。这时车上所有的人都被这个情景感染了，很多人站了起来，充满了敬意的目光。

生活中的爱意，有时就只是一个眼神、一句话而已。

感恩是美满婚姻的重要条件，当你明白了感恩的道理，那么也就明白了婚姻的本质。夫妻之间生活在一起，如果存着一颗感恩的心，幸福将伴随着你。婚姻虽然慎重，同时也要经营，幸福总是来之不易的。但只要时时能为对方着想，以一颗感恩的心面对生活，你一定是这世上最幸福的人！

有一个男人觉得太太很凶，在太太的长期欺压之下，他感到非常难受，于是他希望找到一个先知教给他解救自己的方法。费尽心思，他终于打听到先知的住所，于是赶紧前去请教。当他走到先知的家门口时，他听到屋里传来了责骂的声音，原来先知的妻子相比自己的太太要凶狠得多。他不禁感叹："原来先知比我还惨！"

他等到先知的家庭战争结束之后，找了个合适的时机进去了。他一脸怜悯地看着先知，说道："原来你的妻子是那么凶悍！真可怜啊！"

先知对他说道："其实我太太有时候脾气一来，就对我很凶，我也是想把她凶回去。可是我心里一想，这个女子这么信任我，把终身都托付给我了，那是需要多么大的勇气啊！而且她辛辛苦苦怀胎十月，帮我生下了那么多的孩子，每次都是那么的痛苦，然后又一把屎一把尿地将孩子拉扯大。她还孝顺我的爸爸妈妈，家里的事情打理得井井有条，让我的事业没有后顾之忧。这么多年她为我艰辛地付出，想到这些，我的气就全消了。所以，夫妻之间也要常想对方的恩情，只有这样，夫妻之间的感情才能在平凡的日子里历久弥新。"

面对失去激情后的婚姻，我们需要感恩，感激对方与我们相知相伴携手人生，只有拥有了一颗感恩的心，我们才能从我们的心灵深处出发，去真正地体谅与疼惜对方。这样，即便生活在平平淡淡中，生活也会洋溢在相知相惜的幸福情怀里。

夫妻之间的爱情，谁也不能保证会直到永远，但感恩之情却是永生不息的，它能与其他感情一起维系着两人，乃至一个圆满的家。婚姻中的夫妻若有一颗感恩对方的心，婚姻何尝不能相搀相扶白头偕老？婚姻中，一定要记得多多想到对方，而不是一味去挑剔对方的不是。婚姻中，只有学会用感恩的心看待对方，真心以待，才能让婚姻的路越走越宽敞明亮。

所以，年轻的女孩一定要记住，不管你是已经踏进了婚姻，还是即将踏入婚姻，你都要怀有感恩之心、只有这样，你才能看到对方的付出，看到自身的不足，从而懂得珍惜，把握眼前已经拥有的幸福。

5. "糊涂"——保鲜爱情的最高境界

名著《欧也尼·葛朗台》中有一句让人久久不能忘怀的话："人类的处境就这一点可怕，没有一件幸福不是靠糊涂得来的。"的确如此，很多聪明的女人之所以能在婚姻生活中悠哉悠哉、快乐无比，就是因为她们掌握了"难得糊涂"的婚姻艺术。

夫妻或情侣长期生活在一起后，个人的习惯和癖好都会毫无保留地展现在彼此面前，这样无论他曾经多么让你心神向往，共同生活的磨合才是考验你的耐心和包容程度的一个开端。他可能总是喜欢在书房吸烟，不管你怎么咆哮，也可能把衣服和袜子到处乱扔，或者睡觉的时候，你耳边总响起他如雷的鼾声。

无论是多么奇怪的小癖好，明智的女人都应该选择统统视而不见。你很快会发现对这些小事情睁一只眼闭一只眼对你们的关系绝对是利大于弊，因为你需要的是"求大同存小异"。既然这已经是他多年形成的习惯，那么绝对没必要在这种事情上浪费时间和精力，大动干戈，弄得家里乌烟瘴气，最后因小失大。二十几岁的年轻女孩一定要记住，与你生活在一起的是个活生生的大男人，而不是你梦中完美无瑕的王子。

著名女演员牛莉曾经在诠释幸福婚姻的时候就曾说道："我在家什么都听老公的，他说我专一，任劳任怨，就是有时候有点小脾气。我觉得女人不应该太偏执，到现在为止，我们互相不看手机，有时候婚姻需要睁一只眼闭一只眼，这也是我学射击的经验之谈。"难得糊涂也正是牛莉长久获得幸福的诀窍。

年轻的女孩要想在婚姻中获得永久的幸福，就应该聪明地学习牛莉"糊涂"的婚姻之道，这样，你才能在婚姻生活中感受到更多的幸福。

姚丹的男朋友总是习惯一边开车一边跟着收音机的音乐抖动大腿，刚开始的时候这种习惯并没有引起她的注意，但是时间长了她感觉难以忍受，恨不得去跳车。但是姚丹习惯把眼光放长远一些来看这个问题，他有那么多我喜欢的优点，怎么可能被这个小小的有点儿可笑的怪癖掩盖住呢？在这件事情上纠缠是得不偿失的。于是她渐渐地让自己对这件事视而不见，久而久之，发现两个人之间的默契越来越多，不快越来越少，男友也越来越体贴。

曾看过一篇叫《幸福婚姻的十个"钝感"律》的文章，它列举了夫妻双方需要学习一些"钝感"技巧。每一个年轻的女孩都渴望拥有幸福的婚姻，但是许多人却对自己的另一半很不满意。那怎么办呢？最好的办法就是让自己多份钝感。我们为什么不能忍受诸如吃饭声音大、看足球到深夜、忘记了生日结婚纪念日等小事呢？

王海鸰说过："身体偶尔的背叛可以原谅，心灵的长期背叛不能容忍。有时要难得糊涂，有时要当机立断，这是婚姻的大智慧。"夫

第 **11** 课 爱情跟婚姻是可以共同拥有的

妻之间最重要的就是一种心态，一种懂得为对方去付出感情的心态，只有这样，不管是什么风浪都能平平安安地走过。对待婚姻，有时睁一只眼闭一只眼是最好的办法。难得糊涂，你在模糊中会看到一种美丽，不是别人的美丽，而是自己的美丽。

有调查发现，即使是世界上最美满的婚姻，双方都会有200次离婚的想法和50次掐死对方的冲动，且幸福的家庭和不幸的家庭在吵架次数上是一样的。重要的是吵架之后的沟通，是忍让，但是多少人还能够在家里忍让呢？有句谚语说："结婚前睁大眼睛，结婚后睁一只眼闭一只眼。"也许这是真正的智慧。

水至清则无鱼，人至察则无朋。婚姻生活也是这样，你总得让它有点杂质。婚姻生活不需要过分的敏感与敏锐。拥有过分的敏感与敏锐可以成为一个好的艺术家，但绝不会成为一个好的爱人。其实，在婚姻的生活里，智慧的女人会让自己越"笨"越可爱。而聪明的婚姻呢，则是越钝越幸福。

6. 婚后尽量多留点时间在家里，必要时学会选择

生活带给我们各方面的压力，高额消费以及人口众多，让许多收入一般或者找不到工作的人不得不勒紧腰带。尤其是女人，能找到一份薪酬高、有上升空间的好职业实属不易。有了一份不错的工作，更加不能放松自己，为了守住饭碗，不得不紧张忙碌地工作，为了完成任务不分昼夜，疯狂赶工。每天累到身心俱疲，更没有时间照顾家庭。

在我们的生命中，有很多东西是需要我们付出精力的，但是当我们在为金钱、名誉、地位奔波不已的时候，我们应该想想最可贵的亲情，因为这是任何东西都换不回来的。如果现在的你正在忙于自己的事业而没有时间好好享受亲情，应该适时地放弃一些东西，尽量多空

出一点时间来和家人相处，我想你会感受到比功成名就还要多很多的幸福和快乐。

　　这天，应酬完客户的叶莺很晚才回到家里，可是当她打开家门时，发现6岁的儿子正在等她。

　　"妈妈，我可以问你一个问题吗？"

　　"什么问题？"

　　"请问妈妈你一个小时可以挣多少钱？"

　　"小孩子不要操心这个？赶快去睡觉。"

　　"妈妈，你就告诉我吧。"儿子恳求道。

　　叶莺不耐烦地敷衍道："50块钱，怎么啦？"

　　"哦，"过了一会儿，儿子说道，"妈妈，你可以借我20块钱吗？"

　　"小孩子要钱干什么？不要整天只想着买那些无聊的玩具，你要做的是努力读书，我这么辛苦还不是为了你，你就不能体谅一下？快去睡觉。"

　　儿子低着头回到了自己的房间。过了一会儿，洗完澡的叶莺觉得自己刚才对儿子太过严厉了，可能他真的缺什么东西，于是来到儿子的房间，轻声问道："宝贝，你睡了吗？"

　　"妈妈，我还没睡！"

　　"对不起，妈妈刚才太凶了，这是你要的二十元钱。"

　　"谢谢妈妈。"儿子高兴地从床头的柜子里拿出了一些皱巴巴的钞票，慢慢数着。

　　叶莺生气地说道："你明明有钱，为什么还要？"

　　"因为这些不够，现在够了。妈妈，我现在有50块钱了，我可以买你一个小时的时间吗？我想让你看看我画的画，今天老师告诉我得了全市第一名，还有我的作文，老师说写得很好。可以吗？"

　　叶莺的心猛地一颤，紧紧搂住了儿子。从那以后，叶莺每天都会挤出时间来和儿子谈心，教儿子学习。看到儿子大大的笑脸，她终于感受到这才是真正的幸福。

亲情是任何东西都无法取代的，现在的职业女性越来越多，每天似乎都有做不完的工作，加班、出差更是家常便饭，于是与家人的距离越来越远，等到醒悟时，才发现或多或少都留下了遗憾。所以，20几岁的年轻人一定要珍惜与家人相处的时间，不要一味地扑在工作上。

要知道，家是你温暖可靠的后方，我们应该用心呵护它，而不是让工作影响到家庭的和睦。在茫茫人海中，能够给我们温暖、免除内心孤独的是家；在嘈杂喧哗的尘世，能够遮风避雨给我们片刻安宁的是家。家就是你的全部，无论在外受了什么委屈，受到什么伤害，回归到家的怀抱能够无痛地治愈你的伤口。

女人一生中幸福的大部分内容应该是拥护家的温暖，拥有一个幸福的家，才能让我们从灵魂深处绽放出最快乐、最真挚的笑容。如果非要在家与工作中选择一个，必要的时候，就放弃工作吧。比如孩子开家长会，必须要母亲参加，如果不想孩子成为被取笑与嘲讽的小孩，就丢下手上的工作，别做出让孩子无法原谅的行为；如果丈夫生病，没有人照顾，工作做不完只是一时失职，丈夫若因此被冷落，对你心灰意冷，那你丢失的将是一生的幸福。

正拼搏在事业巅峰上的女孩，应该学会调整好事业与家庭的关系，相信聪明的你一定会做出最正确的判断，以及恰当的调整。年轻的女孩们要明白，很多东西是错过了就回不来了。

第12课

离开任何一个男人你都会活得很好

女孩们千万不要看轻了自己，不要以为委曲求全就能换来一个男人的爱情。离开那个不懂欣赏你的男人，这就是最华丽的转身，虽然心有不甘，但是你会发现自己会活得更好。

1. 爱一个人超过 8 分，会让你丧失自我和自尊

看过《红楼梦》的人都知道林妹妹对宝哥哥的爱，贾宝玉的一句话，甚至一个眼神，都能引起她的无端猜测，继而泪水涟涟。有一个细节说贾宝玉站在潇湘馆门口，顶着火辣辣的烈日，低声下气地把个好妹妹叫了几千声，求她开门，让他进去解释一下。但即便虔诚至此，也难平息黛玉心中的满腔醋意。在她看来，贾宝玉就是我的人，心里只能有我，敢对其他姐妹示好，就是心里没有我，我的爱情大厦，立刻就会坍塌；若其他女子敢对宝玉示好，那自然更加不能忍受。不要说黛玉心眼小，其实爱情本来就是她全部的生活内容。而我们都知道，全身心投入爱情的人，命运大抵总是很坎坷的，梦想总是难得圆满的。

所以，聪明的女人都知道，爱到 8 分刚刚好。留下两分，作为抽身的退路，人生便相当从容。若值得去爱，尽可携手前行，结秦晋之好，白头偕老。若不尽如人意，也可以优雅转身，给爱情一个出口，让自己保有一份做人的尊严。

他们结婚已经 3 年了，她一直为爱付出。女人一旦爱上一个男人，浓浓的母爱能把男人淹没。她把婚前的好友和爱好都放弃了，缩在自己的小家庭里，全情付出。

他们的生活从来都是她一手操持，他什么事都不用管。每天她变着花样为他做好吃的，餐桌上，她给他夹最好吃的菜；购物时，从来忘不了他的喜好，习惯于从他的角度判断一样东西的好坏；对人、对事、对社会的看法，也决然地站在他一边，为他的言论和行动喝彩；

习惯比他早起一点，习惯于比他晚一点上床，习惯中她渐渐迷失了自己。

"我愿意为你，我愿意为你，忘记我姓名，失去世界也不可惜"，王菲的这首《我愿意》，是她最喜欢听的歌，仿佛唱歌的是她自己，她在愿意中体会着幸福。她本以为自己的付出是无怨无悔、无欲无求的、伟大的、脱俗的，所有一切只与真爱有关，但她实在是忽略了一个最世俗不过的道理——所有的付出都是要求回报的。

当有一天男人辜负了她的爱、她的付出时，她的表现也和所有尘俗的女人一样，恨男人无情，恨自己的情感白白流失，恨自己的付出一文不值。

生活中，很多女孩认为只有时刻将对方放在心中第一的位子，才是最纯粹的爱情，无论自己付出多少，甚至牺牲掉自我，也仿佛是一种伟大的牺牲。那么请问，当你真正不再有自我的个性，每天的存在只是因为爱别人，你心底真的会觉得快乐吗？

有句话说得好："永远不要为了爱一个人而失去自我，那样，痛苦的就会是两个人。"女孩们要明白，你可以去深爱对方，但是却不能因为对方而影响自我本身，甚至失去自我。因为一旦你失去了自我，就相当于失去了最为宝贵的灵魂，也就真的失去了爱。

烟云和方青结婚后，日子一直过得都很紧张，他们两个经常要考虑怎样节省着去还住房贷款，怎样才能真正地攒到更多的存款。每每想起这些，她就感觉自己肩上仿佛有千斤重担，压得她喘不过气来。她精打细算地过着日子，但家里的开支还是居高不下。

和很多女人一样，她也爱美，她却顽强地抵挡来自精美时装和高档化妆品对她的吸引；她也爱吃零食，可是，为了不让口袋里有限的那点银子"哗哗"地往外流，她把这些爱好都尘封在自己心底。有一段时间，她每天起床后都感觉自己头晕眼花、筋疲力尽，方青劝她去医院检查，可她不肯去，不愿花那冤枉钱，她总想自己还年轻，身体素质也不错，不会有什么问题，忍一忍就会过去的。

直到半年后的一天，她突然晕倒在家门口。方青急忙叫救护车把她送到医院。医生告诉方青，她患的是癌症，如果早些发现，早点治疗还有希望，可是现在已经到了晚期，留给她的时间只有半年。躺在医院的病床上，看到沉默不语的方青，她感到深深地后悔，后悔没有珍惜自己的生命，爱护自己的健康，没有多爱自己一点。

年轻的女孩要知道，当你将所有的精力全部都放在了一个人身上时，就会像一支蜡烛，奋不顾身地燃烧，最后却只能求得一时的光与热。适当地给彼此留下一丝爱的空间，那么你们的爱情才能长长久久。因为很多时候，爱也是有度的，可是很多女人都不能恰当地把握。她们一旦恋爱、动了真感情，便对爱情如痴如醉，可这样的爱并没有拴住男人的心，还是让自己受到了伤害。

喝酒的时候，6分的微醺让人感觉最舒服。那时候，身上的每一块肌肉都可以得到松弛。同样地，恋爱的时候，女孩们一定要切记给予自己的爱情8分饱就好，不要太多，也不可太少，这样爱情才会持久怡人。

2. 懂得自重自爱才会得到别人的欣赏和尊重

当我们扮演着妻子、母亲、职场丽人种种角色时，莫要忘记自己，因为你是完整的个体，父母给了你身体和成长的环境，你的存在就是对他们的证明。因为你的存在，所以有另一个人被你吸引，你们相爱，决定要好好过一辈子，有了孕育小生命的空间，而一个真正爱别人的人首先是自爱的人。

有一对夫妻，非常恩爱，妻子貌美如花，丈夫也是英俊潇洒。然而，不知是因为生活的太过美好，还是老天忌妒了，正当盛年的丈夫却患了眼疾，最终双目失明。望着心如死灰的丈夫，深爱丈夫的妻子心痛不已。她左思右想，最后决定分一只眼睛给自己的丈夫。

当然，手术非常成功，失明的丈夫重又看到了世界，看到了自己的妻子。然而，当丈夫睁开双眼看到妻子的第一眼，便立马露出了满脸失望的神色。因为，此刻站在他面前，失去了一只眼睛的妻子竟然如此丑陋。想到以后要日日与妻子相对，丈夫心中再无一丝柔情。他开始厌倦她、冷落她，因为她不再双眸生辉，不再脉脉含情。

而妻子默默地忍受着丈夫的一切。因为她爱他，所以并不在乎为他付出怎样的牺牲。对妻子来说，这个世界上再也没有比丈夫更加深爱的人了。但是，随着时间的流逝，妻子也逐渐痛苦不堪起来。因为她深爱的丈夫，甚至连看她一眼都不愿再看。妻子在无人的房间中，默默地流泪，只用一只眼睛，留下满眼的悲哀。后来，丈夫抛弃了糟糠之妻，另娶了一名美丽的女人做妻子。

故事中女人的伟大叫人心疼，女人因为有爱而可以对男人不离不弃终身守护，这会是多么感人的爱情，可是很遗憾，这种心疼在我们看来，已经有了几分傻。

现在的社会中，越来越多的女人要兼顾家庭和事业，但是女人要记住，爱家庭也好，爱事业也罢，同时千万别忘了用爱的阳光照耀自己，用爱的雨露滋润自己。女人每天多爱自己一点点，让自己的快乐、健康都能得到最基本的保障。每天多爱自己一点点不是自私，而是对自己、对家庭长久的投资。

著名作家张抗抗在《悦己》一书中写道："美的思想，自然首先也是悦己的，悦己的同时，必然悦人。"其实很多时候，我们只有先学会取悦了自己，才能起到悦人的效果。因为很多时候，我们正是在爱己的过程中学会了如何正确地去爱他人。如果仔细体会，就会发现你如果对自己不喜欢、不满意，就会很容易生出忌妒心和怨恨心。自己是众人当中的一员，爱他人的同时为何把自己排除在外？

任何一个女人都要明白，无论在恋爱还是家庭中，不要委屈自己做不愿意做的事。未婚或已婚女人，都要保持一定的交际空间，扩大交友范围，良好的人际关系可以使人心情愉快。同时，在自我意识中试着把"应该做"变成"愿意做"。

爱一个人，你也许会奋不顾身；爱一个人，你会失去主张；爱一个人，你会身不由己；虽然那是女人的可爱，但也是女人的弱点。女人要清楚明白的是：爱他，请你先爱自己；爱他，请你为自己留一份空间；爱他，请你不要失去自己。因为没有男人能对女人的容貌一直倾心，你只有丰富自己的内心；没有男人能对女人的装扮一如既往，你只有让自己永不停息。这样你才能够真正地让这份爱永远地维持下去。

有一位哲学家曾经说过："要想让人接受你，你必须首先接受自己。"同样地，对于两个相爱的人来说，如果想要对方多爱自己一点，那么就要先爱自己多一点。因为一个不好好珍惜自己的人，一个对自己都无所谓的人，又怎么可能得到别人的爱呢？一个不懂得爱自己的女人是可悲的，因为一旦她为爱而失去了自我，那么就如同天空中任意飞翔的鸟儿被折断了翅膀一样，她只会永远地困在一个地方，终生百无聊赖地活着。

所以 20 几岁的女孩要明白，恋爱是彼此之间的事情，如果不珍惜自己，不爱护自己，到最后伤害的也只能是自己。任何时候，只有当你学会了对自己好，学会了爱自己，才能真正地拥有快乐。

3. 离开他，你会活得更好

我们总是习惯性地怀念往昔的岁月。或许你曾是他至爱的"公主"，他会在寒冷的夜晚来到你的窗下，等你一句回话。他会拼命追逐着载走你的列车，只求多看你一眼。而如今，他不再出现，你却像一个永远都找不到玻璃鞋的灰姑娘，流浪街头。他给了你童话般的开始，却也给了你噩梦般的结局，或许你恨，或许你怨，或许你真的很不甘心。

可再美的故事，也难免有伤痛的结局，两个人投入的感情又有谁对谁错，从幸福的天堂跌进地狱，强烈的心理反差挑战着我们疲惫的神经，可是我们只是刚刚成年，刚尝到点生活的酸甜，我们还系着年轻的理想和父母的希望，如此在感情中寻死觅活，只能暴露自己的懦弱。

一个不懂得欣赏你的男人，没有资格让你为他难过悲伤，他的离开，只能说那个懂你的男人还没有出现。男人不是女人的天，不是女人的地，与其让自己陷入一个无望的爱情中，不如潇洒转身，离开他，你同样可以生活得精彩。

一位精灵般的才情女子，爱上一位同样才华横溢的多情男子。说男子"多情"，是因为他对漂亮的女子都深情。最初或许是男子主动，也许他曾有过一点点动心，总之男子热情对待女子，与她进行心的交流。由于两人有着太多共性，男子又很懂女人，所以健谈的男子很快便彻底俘获了女子的心。

女子的爱很纯粹很无私：她默默为男子做一切她本不会做的事，无怨无悔地付出，毫不掩饰自己那颗倾慕的心。

只是，女子爱错了人——男子曾有过一段失败的恋情，为了宣泄情感，他在不同女子之间周旋，面子上热忱深情，内心却暗自嘲笑为他朝思暮想的女子。他以这种方式挽回一度丢掉的面子，为自己受过伤的心找一些安慰。男子只需疗伤，在遇到真爱之前，他是不会真正为哪个女子动心的。当他意识到女子陷入很深，便赶紧抽身而去。

女子很痛苦，食不甘味，睡不安寝，成天伤心地念叨着一些句子抒发情感，如"山有木，木有枝，心悦君兮君不知"，或"前尘往事断肠诗，侬为君痴君不知"之类，容颜日渐消瘦。

年轻的女子往往把爱情想象得太美好，希望自己就是童话中的公主，能遇到一心一意爱自己的王子。在现实生活中，这样的概率能有多少呢？爱情不过是一种感觉，当失恋时心是会很痛，但随着时间、心境的推移和转变，心灵会慢慢沉静、改变。缘分该来的时候自然会来，每个人总会找到自己的另一伴。失恋也好，痛苦也罢，只能说明对方不适合你，没必要寻死觅活。无论男子、女子，看清这一点便会少去很多无谓的烦恼或痛苦。

有时分手不一定是因为性格不合，而是命中注定没缘分，此时应该谢谢对方，陪你走了一段生命之旅，要懂得去珍惜每一个陪你走过的人。其实，不必把分手看成是世界末日，两个人因为误会而结合，因了解而分手，反而是一件好事。即使有一方是被迫分手，至少可以早一点了解事情的真相，总比日后后悔莫及要好得多。分手也可能代表是一种新的契机，当两个人选择各奔东西，这时候若能放开心胸，去重新认识自己或者别人，未尝不是一件好事。分手也许不快乐，但也不必寻死觅活，何苦呢？凡事不必太在意，更不需要去强求，就让一切随缘。

人们常说，在爱情里女人的智商大多为零，你可以很爱一个男人，但是绝对不能失去自我，尤其是那个男人的心已不在你身上时，更没有必要苦苦哀求，去乞求他施舍一点爱给你，这样践踏自己的尊严，就算换来了男人的爱，也不会是永恒。久而久之，他会越发不把你放在心上。所以，二十几岁的女孩千万不要为了一个不爱你的男人，让自己陷入无尽的痛苦之中，离开一个不爱你的男人也是一种幸福，更没有谁离开谁就活不下去，你能回报给自己的就是一个人过得更加潇洒和幸福。

4. 不要以为委曲求全就能换来一个男人的爱情

爱情不是战争，不需要争个天翻地覆、你输我赢，同样也不应该委曲求全、无条件投降。爱情带来的美好时光总是容易让人沉醉和迷惑，尤其是在热恋期，许多潜在的矛盾会自然被忽略。但是等到激情一过，诸多问题开始显现。比如思想差异、教育程度、生长背景、家庭环境，甚至是简单的饮食习惯等，都会导致摩擦和争吵，影响两人之间的感情。但是很多女人在与男人发生问题时，却始终不愿意放弃这段毫无幸福可言的感情，最后弄得自己遍体鳞伤。

常常听到有些女人说："我很爱他，离开了他我就不能活。"年轻的女孩你要记住，在这个世界上没有谁离开了谁，不能活的。婚姻需要讲求妥协的艺术，也需要彼此的包容，但是却不能一味地委曲求全。不管你多么地爱他，当他决定放手时，你一定要洒脱地转身，就算心底有着撕心裂肺的疼痛，也要学着潇洒地离开。

女人不能委曲求全，爱情不是乞求来的。如果一个男人已经不再心疼你，你一定要微笑着离开他！你越是觉得不能离开他，他就越是想逃，因为爱情是独立的，不是窒息般的依赖。

如果一个男人的行为让你觉得失望，也要干脆地离开他，不管你还多么地爱他，因为他可以做第一件让你非常失望的事情，就会有第二次，不能以爱情的理由，纵容别人伤害你的心。如果有一个人伤透了你的心，不要犹豫，离开他，即使他拿出他的心来补偿，也别回头。因为这时候的坚定决绝就是你避免被伤害的唯一且最有效的途径。

岚烟是个聪明上进的女孩，上学的时候遇到陈金峰，情窦初开的他们相爱了。两个人毕业后生活在了一起，开始的日子如胶似漆，让旁人看了都很美慕。不知道从哪一天开始，陈金峰回家的时间开始越来越晚，回来的时候经常会有一股若有似无的香水味。岚烟很聪明，意识到可能是他们之间哪里出了问题。为了挽回陈金峰的心，岚烟不断地学习，把男孩的每件衣服都洗得干干净净，熨得笔挺，学做可口的饭菜，因为有人说过一句"要抓住男人的心就要先抓住男人的胃"。

有天她的母亲来家里看她的时候，她正在利索地捅着猪小肠，妈妈抱住她放声大哭，她的闺女是家里的宝，以前在家的时候连碗都舍不得让她洗一个，现在居然为了一个男人干那么脏的活，而这个男人并不领情，似乎还觉得她很下作，越走越远。女孩跟母亲回到家，想起在家里过的日子，觉得自己很对不起父母，用那么多精力去爱一个不再爱你的男人，不如用心对待爱护你的家人，想通后她的心情也跟着快乐起来。

没有了爱情，即使你再对他掏心掏肺也是枉然，他不但不会因此心疼你，反而会觉得你爱得没有尊严。与其这样，还不如潇洒挥手，果断放弃，活出自己的精彩人生。

有一个女人曾经因为男朋友的一句"你有点肥"的评价，就开始用尽各种方式减肥瘦身，最后因吃减肥药过多而导致长期腹泻，最终得了厌食症。生活中像这样的女人也不在少数，为了爱，她们几乎失去了自我，把男人当做自己的整片天空、整个世界。也有的女人为了得到对方的爱，而选择了一味妥协和改变。

相信很多女孩都看过吴宇森监制的影片《窈窕绅士》，其中，孙红雷饰演的暴发户爱上了大明星芳娜，但他外表土气又没内涵，为了维持这段恋情，他找来公关公司为他做了个彻头彻尾大改造，却在日后的相处中日渐迷失自我。醒悟了的暴发户终于决定用本来面目与女友相处，而不是单纯机械地因对方的要求而毫无原则地改变。与之相反地，在电影《为爱起程》中，俄国大文豪托尔斯泰与妻子因为观念不同而发生摩擦，僵持不下，妻子始终坚持自己的正确的观点，没有因为爱情而委曲求全，最终，赢得了托尔斯泰的理解和尊重。

爱情和自我，本来就是一场拉锯战，在这其中，因为爱情的因素而学会关心对方、彼此融合，自然是好事，但倘若无条件无原则地妥协让步，只会迷失自我，而这样的结果便是最终失去爱情。双方共同努力地相互包容，永远比单独一方的委曲求全，更能令幸福深厚而绵长。所以，二十几岁的你如果还在为了争取一个男人的爱而做出了无休止的让步，希望你赶紧醒悟过来，因为你单方面的努力不仅得不到永恒的幸福，甚至可能被抛弃得更快。

5. 与其让自己陷入无望的爱情，不如潇洒地转身

爱情不是唯一，已经越来越被现代女性所认可。同样地，身为二十几岁正值青春佳期的我们也并非沉迷爱情不可。看过太多的偶像剧，那些轰轰烈烈、纠结于爱恨情愁的男女的确令人着迷。"在天愿作比翼鸟，在地愿为连理枝"的誓言，如期而伴的花前月下触动每一丝情感神经，却又悲切于"十年生死两茫茫，不思量，自难忘，千里

孤坟，无处话凄凉"。

静听颜振豪唱的："看着身旁的人一对对，想起谁，心痛在作祟，你看窗外山花，开得那么美，真想牵你的手，化蝶翩翩飞……谁是谁的谁的谁，谁让谁憔悴，谁是谁的谁的谁，谁让谁伤悲，来来往往的人，谁认识了谁，谁与谁相逢，谁是谁的谁？"谁也不是谁的谁，没有必要为爱与不爱伤心落泪，花开终有凋零时，爱不可强求。与其让自己陷入无望的爱情，不如潇洒地转身，充实自己，若你执意贪恋那条小河，寒冬来临，冰冻三尺，你无非是自取灭亡。

俞茂大学毕业后，一个人来到西班牙留学。刚到马德里的时候，她无依无靠，但是为了生存，她必须坚强。于是她在餐馆找了一份服务生的工作，因为俞茂爽朗的性格，很快就与其他的同事们打成了一片，所以同事们的聚会常常会邀请她。

在一次同事聚会上，俞茂认识了同在酒店工作的斯蒂芬，斯蒂芬是酒店的大堂领班，年纪比俞茂大五六岁。那一天俞茂和同事收工后一起去喝酒跳舞，斯蒂芬也在列。开始喝酒的时候大家还好好的，有说有笑闹个不停，等到都进舞池跳舞的时候，斯蒂芬忽然变得很安静，一个人拿了杯酒到旁边坐着。只有俞茂注意到了他，为了不使他落单，俞茂也拿了一杯果汁过去陪他喝。聊天中俞茂得知斯蒂芬也不是西班牙人，跟她一样都是远离家乡来西班牙谋生的，在说到对家乡的思念时，俞茂都掉泪了。从那以后俞茂和斯蒂芬越走越近，斯蒂芬也在工作上生活中对俞茂的照顾比别人更多一些。终于，日久生情，俞茂完全被斯蒂芬俘虏了。

但是好景不长。一天俞茂回到斯蒂芬的住处时，看到斯蒂芬慌乱地将一封信藏到了枕头下边。在斯蒂芬洗澡的时候，俞茂悄悄地抽出了那封信，是斯蒂芬的女朋友写过来的，因为太想念斯蒂芬了，她也要来西班牙……

这封信犹如晴天霹雳，她从没听说斯蒂芬有女朋友，难道这段时间自己只是个替代品？俞茂越想越不对，将信撕了个粉碎后，甩门而出。爱恨交织的矛盾折磨了她一夜，最终决定跟斯蒂芬恩断义绝。

第二天一出门，竟然看到斯蒂芬站在她门口。斯蒂芬说不知道该怎样得到她的原谅，所以就这样站了一夜。俞茂就这样原谅了他。俞茂的大脑无数次告诉她，与斯蒂芬不可能再有什么发展了，但是心却不让她离开斯蒂芬，所以她一直在等斯蒂芬回心转意。

在感情中女人永远都是容易受伤害的那一个。这其中最大的原因就是因为女人把男人当成了生命中最重要的一部分，甚至于说是全部。很多女人，除了家庭以外，一无所有。为了能留住这所有也是唯一，她就一再妥协一再忍让，在渴望避免伤害中一再被伤害。

女人不应该是某个男人的附属品，要懂得通过交友、读书、娱乐、充实自己的内心，即使没有爱情滋润，仍然活得自在潇洒。女人不应该为不爱自己的男人流泪，更不应该为男人的承诺去等候一生。女人，要做一根独立的肋骨，不依赖男人也能活得很好。

如果爱是有希望的，哪怕是经历再大的苦难也要去争取；如果爱是无望的，哪怕是再让自己心动也要放弃。人都有自己的闪光点，感情上受挫了，事业上也许就会有所补偿。当我们知道自己的伤口在什么地方的时候，也就可以找到疗伤的办法。久久不能放下一份无着落的感情，也许仅仅是自己不肯认输，不甘心就这样结束。如果真的如己所愿了，也不一定就会欢天喜地。感情是互相给予的，一味地付出，总得不到期望的回报时就该放弃，无声也许就是一种最好的拒绝。

二十几岁的女孩，人生的路还很漫长，与其苦苦守候那一份无望的爱情，不如像萧亚轩的那首歌里唱的一样："头发甩甩，大步地走开，不怜悯心底小小悲哀。挥手 ByeBye，祝你们愉快，我会一个人活得精彩。"

　　一个人也能够活得精彩，女孩的一生除了爱情，你还拥有更多其他的东西，比如亲情和友情，比如事业。离开他，将心思用在有用的地方，等你成长为一个充满魅力的成功女性时，相信为你倾倒的男人绝不在少数。到那个时候，你再细细挑选一份真爱，与之共度一生，何乐而不为呢？

第13课

跟优秀有思想的人交朋友

20几岁，要开始有目的性地去选择朋友，因为社会中的人脉非常重要，尤其是那些优秀的人，与他们交往，你自身也能受其影响而让自己迅速成长起来。

1. 20 几岁开始有目的性地去选择朋友

　　女孩到了二十几岁后，就要开始有目的性地去选择朋友，社会中的人脉非常的重要，而你选择加入的朋友圈也会对你的人生有着很大的影响。选择朋友不可太过盲目，要多交一些对自己有帮助的朋友。

　　人在选择朋友的时候很重要，有时候如果想了解一个人，也可以从他的朋友是什么样的人来了解他的为人。不要轻易地交朋友，也要注意选择跟什么人交朋友。

　　潘云是一个性格开朗、脾气"火暴"的女孩，她最好的朋友迎春却为人害羞，性格内向，不善表达。因为潘云是第一个与她说话的人，潘云的热情让这个害羞的女孩很感动，一来二去，最后两个人成为了要好的朋友。两个人一个喜动，一个好静，她们的性格迥异，可是她们对事情的看法却总是惊人地相似和一致，比其他的朋友多出很多默契。

　　因为两人的性格互补，所以两人都从对方身上得到了很大的补充。比如潘云做事积极，但缺少耐性，而迎春则心思细腻，但是性格寡欲。潘云将迎春引导到一种积极明快的生活方式，而迎春则在很多细节上给予了潘云无微不至的帮助，因此人们都说她俩是"珠联璧合""天衣无缝"，事实也确实如此，两人共同上学、毕业、工作，后来各自踏入了婚姻的圣殿，依然是难舍难弃的朋友，两人都活得轻松而且愉快。

　　也许潘云和迎春的相交只是无意之举，但是她们却获得了朋友交际的最大成功，也即人际交往的胜出，结交优势互补的朋友，这真是人际交往的聪明之举。

优势互补，目的是协作共赢。交朋友并不是要向对方索取什么，而是双方找到共同的兴趣爱好，共渡生活事业上的难关。著名人际关系学家罗伯特·清崎曾经说过一句很发人深省的话："你想要创造多大财富，就要接近拥有那么多财富的人。"一个女人想要获得更大的成功，就必须多结交能够助你一臂之力的人。正如欧洲首席致富教练谢菲尔所说："要想成功，经常和已经取得成功的人士打交道是有好处的，少和不思进取的人在一起。这些人很可能为人都不错，然而对于你的成功没有什么帮助，只有负面影响。"

朋友与书一样，好的朋友不仅是良伴，也是我们的老师，你所交往的人会改变你的生活。与愤世嫉俗的人为伍，你也会感到这个社会到处充满灰色；同积极的人为伴，能让我们对生活充满热情，看到更多人生的希望；结交比自己优秀的朋友，则能促使我们更加成熟。

全球畅销书《心灵鸡汤》的作者马克·汉森说过一句话："成功就是看你跟谁在一起。"

马克·汉森有一次跟成功人士安东尼·罗宾一起同台演讲。演讲完毕之后，马克·汉森在私下请教安东尼·罗宾一些成功秘诀。马克问道："同样是做演讲，同样是在教别人成功，为什么我的年收入才一百万美金，你的年收入却有五千万美金？我们之间有五十倍的差距啊！我并不是抱怨我一百万的年收入太少，而是想知道你如此成功的秘诀。"

安东尼·罗宾听后问道："马克·汉森先生，你每天都跟谁混在一起？"马克·汉森很骄傲地回答："我每天都跟百万富翁在一起。"安东尼·罗宾笑了，他说："这就是你和我的不同，我每天都跟亿万富翁在一起。"

安东尼·罗宾所传授的这个成功秘诀，改变了马克的一生。马克

第 13 课 跟优秀有思想的人交朋友

·汉森后来悟出：和什么样的人在一起就注定了你会成为什么样的人。最后，马克·汉森成为了全世界最畅销的作者。

二十几岁的女孩交友也要有目标，找对自己有所帮助的人，对自己有好的影响的人，与之取得联系，建立关系，这样无论是对于你的生活还是你的事业，都会大有裨益。有选择地去结识有用的朋友，结识那些你想成为她们那样的朋友，只有这样才能对改变自己的命运有所帮助。

2. 与乐观的人做朋友，你也会变得乐观

中国台湾著名女作家罗兰曾说："开朗的性格不仅可以使自己经常保持心情的愉快，而且可以感染你周围的人们，使他们也觉得人生充满了和谐与光明。"

有人说："与善良的人交往，你会变成更善良的人。与乐观的人交往，你会变成更乐观的人，与自信的人交往，你会变成更自信的人。与幽默的人交往，你会变成更幽默的人。"因此二十几岁的女人在开拓人脉疆域的时候，一定要有一个选择朋友的标准。

所谓"近朱者赤，近墨者黑"，看看我们身边，乐观的朋友总是人见人爱，他们积极的情绪总能感染周围的人。所以年轻的女孩不仅要和聪明有才华的人交往，更要和那些充满热情、积极向上的人交朋友。

一个人拥有积极、乐观的态度是非常重要的，如果你的身边都是乐观的朋友，相信你的生活一定充满阳光，反之，则会乌云密布。因为乐观的心态是人生成功的垫基石，积极、乐观的人生态度如人生路途中的一盏灯，时刻照亮前方，有利于前行，让人不会有在黑暗中摸索前进的痛苦。

1998 年 7 月 21 日晚在纽约友好运动会上意外受伤之后，默默无闻的、17 岁的中国体操队队员桑兰成了全世界最受关注的人。

　　这确实是个意外。当时桑兰正在进行跳马比赛的赛前热身，在她起跳的那一瞬间，外队一教练"马"前探头干扰了她，导致她动作变形，从高空栽到地上，而且是头先着地。

　　这个笑容甜美的姑娘来自浙江宁波，1993 年进入国家队，个性温顺，但在遭受如此重大的变故后却表现出难得的坚毅。她的主治医生说："桑兰表现得非常勇敢，她从未抱怨什么，对她我能找到表达的词就是'勇气'。"就算是知道自己再也站不起来之后，她也绝不后悔加入体操队，她说："我对自己有信心，我永远不会放弃希望。"

　　因为她的坚强、乐观，美国院方称她为"伟大的中国人民光辉形象"，而那么多美国普通人去看她，并不只是因为她受伤了，而是为她的精神所感染。

　　国务院副总理钱其琛在看望桑兰时说："中国领导人和中国人民都知道这位勇敢的女孩的事。"美国总统克林顿、前总统卡特和里根都曾给桑兰写过信，赞扬她面对悲剧时表现出来的勇气。桑兰与"超人"会面的经过在美国 ABC 电视台播出，这个电视台 50 年来只采访过两个中国人，一个是邓小平，一个是桑兰。桑兰还如愿以偿地见到了自己的偶像里奥纳多·迪卡普里奥和席琳·迪翁。

　　很多时候，痛苦往往是不请自来，而快乐和幸福往往是需要人们去发现、去寻找，但是，只要你愿意去转变自己，愿意去发现，你就会从生活中发现和找到快乐。桑兰之所以能够得到那么多人的青睐，除了她的勇敢之外，最重要的就是她那积极乐观的生活态度。虽然她失去了站起来的能力，她依然能够带给人们欢乐，让人们看到希望的曙光。如果二十几岁的你能有这样一种乐观的心态，用这样一种乐观的心态去生活、去发现，生活中就没有什么是可以让人痛苦、让人难

第 **13** 课　跟优秀有思想的人交朋友

过、让人悲观的。

相信每个人都很愿意和乐观积极的人相处，因为积极乐观的人无论走到哪里都是最受人欢迎的。而且通过长时间的耳濡目染，久而久之，与之相处的人自然就会变得乐观积极了。就像一位哲学家说的那样："乐观的人生，带给自己的是永远的自信和抹不去的微笑。"

一个积极乐观的人必定是能给朋友带来快乐的人，如果我们经常和这样的朋友相处，一定会少很多的忧愁和烦恼，因为他们总是能够带领我们走出消极的圈子，让我们感受到生命快乐的真谛。如果你的身边拥有这样的好朋友，你一定要珍惜这来之不易的情谊，并向他们学习积极的人生态度，豁达处世，乐观面对人生的悲喜。你要知道，如果一个人的心态是积极的，那么，当你乐观地面对人生，乐观地接受挑战和应付困难的时候，就已经成功了一半。

3. 如果你的朋友是悲观主义者，你也会被感染

常常听一些情绪不满者倾诉，我们的心情也会随之变得糟糕。而一旦我们身边充斥着悲观主义者，整天只知道抱怨生活，却不会脚踏实地地工作，时间久了，我们同样会被感染。

有些人，不管现实怎样，也不管自己是否努力，总是怀着消极的心态面对生活。他们害怕自己辛苦设计的方案不被通过，担心自己有天会生病，不停地在你耳边诉说他的悲伤，在遇到一点挫折之后就对生活失去了希望，他们总是期期艾艾、愁眉苦脸……如果你与这样的人成为朋友，久而久之，你也会染上他的悲观心态，从而成为一个让别人唯恐避之不及的人。

圣诞节来临前，一位年老的父亲为了考验一下自己两个可爱儿子的心理，分别送给他们完全不同的礼物，并在夜里悄悄把这些礼物挂

在了圣诞树上。第二天早上他们起来一看，哥哥的圣诞树上礼物很多，有一把气枪，一辆崭新的自行车，还有一个足球。哥哥把自己的礼物一件一件地取下来，并不是很高兴，反而忧心忡忡的样子。父亲问他："是礼物不好吗？"哥哥拿起气枪说："看吧，这支气枪我如果拿出去玩，没准会把邻居的窗户打碎。那样一定会招来一顿责骂。还有，这辆自行车，我骑出去倒是高兴，但说不定会撞到树上，会把自己碰伤。而这个足球，我总是会把它踢爆的。"父亲听了没有说话。

而弟弟的圣诞树上除了一个纸包外，什么也没有。他把纸包打开后，不禁哈哈大笑起来，一边笑，一边在屋子里到处找。父亲问他："为什么这样高兴？"他说："我的圣诞礼物是一包马粪，这说明肯定有一匹小马驹就在我们家里。"最后，他果然在屋子后面找到了一匹小马驹。父亲也跟着他笑起来："真是一个快乐的圣诞节啊！"

悲观是一种消极的人生态度，它让人们无法走出回忆往日痛苦的阴影，使人们迷失在旧日的失败中难以自拔，在挫折面前一蹶不振；悲观磨掉了人们的自信与锐气，使人无法再去面对未来的挑战。

有人说："跟一个悲观、喜欢抱怨的人一起待上 30 分钟，你的能量就会被间接耗尽。"二十几岁的你要想获得更大的成功，除了自己不能对生活失去信心，另一个方面就是不要和悲观的人交朋友，否则，总有一天你会败在这些人身上。

穆青和雅萝是一家公司同时招聘进来的实习员工，因为只有她们是新进来的，所以两个人很快熟识起来。渐渐地，同事们都发现了一个问题，原本积极开朗的雅萝变得越来越消沉，以前明亮的笑容似乎被什么偷走了，同组的同事都觉得她的这种状态不是什么好兆头，于是都慢慢远离了她。

这究竟是什么原因导致的呢？原来问题就出在穆青的身上。刚开始雅萝还没觉得，整天笑嘻嘻地和穆青一起吃饭逛街。但是穆青时不时地会向她诉说自己悲惨的过去。因为从小就失去了父母，所以她是靠亲戚们的接济长大的，看惯了白眼的穆青总觉得所有人都看不起她，甚至连她最拿手的写作也害怕被总编贬得一文不值。

穆青总是战战兢兢地过着这样的日子，刚开始雅萝还会安慰她、开导她，甚至想用自己的阳光心态感染她，没想到最后的结果却是自己掉入了悲观的旋涡中，总是在不知不觉中为自己设想诸多的障碍，工作起来也越来越吃力。

有一天，雅萝终于猛然醒悟了，认为自己不能这样下去，既然自己不能改变穆青悲观消极的心态，为什么还要让她来影响自己呢？她很果断地减少了与穆青的来往。很快，雅萝的自信和积极的心态又回来了。

在现实生活中，许多人遇到一点儿困难，便总是抱怨命运不公，就不思进取，甘愿堕落甚至于自毁自灭，因而这样的人就是生活的弱者。悲观的人埋怨生活，而乐观的人总是欣赏生活。面对一年四季，其实这只是一个自然规律，没必要大惊小怪。然而悲观的人总是能从春夏秋冬里感觉出无奈与痛苦；而乐观的人却能从春夏秋冬里欣赏到美丽的景致。

悲观的人不但不思进取，更不愿吃苦，且贪图安逸，总是喜欢生活在幻想之中。二十几岁的女孩赶紧远离那些消极的人吧，否则，他们会在不知不觉中偷走你的梦想，使你渐渐颓废，变得平庸。

第14课
吸引别人与你相处

真正的朋友是以诚换诚的。如果你想要交朋友，那么就要对他们付出真诚。因为你对别人好与不好，别人也都清楚地看到。所以，用你的真诚去吸引他人吧！

1. 想交朋友，你就要对他们付出真诚

朋友是我们生命中看不见的财富。一个没有朋友的女人，她会失去很多人生中的乐趣。一个没有朋友的女人，她也会失去很多成功的机会。朋友，是我们精神上的支柱、心灵上的慰藉，是我们生活中的助手和参谋。但是，我们要怎样才能赢得朋友呢？要怎样才能赢得朋友的真心呢？非常简单，那就是付出真诚，用真心与之结交。

婷婷是一个非常受欢迎的女人，她的嘴巴虽然不够甜，但是她对朋友非常热心，而且善解人意，朋友们都说她像阳光一样和煦而温暖。其实，在开始的时候，她并不是这样的，有一件事一下子改变了她对别人的态度。

那年，婷婷接到消息说她的外婆突然去世了，她的头嗡地一下，好像有很长一段时间，她什么都不知道了。婷婷从小父母离异，是外婆把她照顾大的，而她本来说好等两个孩子放了寒假，和丈夫一起，一家四口回老家看望外婆的，可是外婆突然去世，这让她一下子无法承受。

婷婷被这一打击弄懵了，神志恍惚地在屋里来回走着，不知做些什么。实际上要做的事情很多，买机票，整理全家动身要带的衣服，托人照管房子，等等。

得知消息的许多朋友给她打来电话，几乎每个人都说："如果要我帮忙的话，请告诉一声。"然而她心里乱得很，静不下来做任何一件事。就在这时，门铃响了，她的朋友胡可站在门口。她说："我是来帮你刷鞋子的。"

婷婷感到很困惑，又听她解释说："记得我父亲去世时，我花了不少时间来刷洗孩子们要去参加葬礼的鞋。"此外，胡可没有再说别的，她只是把孩子们的脏鞋一双双拿到手边，连她和丈夫的也拿去了。

胡可默默地刷着鞋子，看着她的背影，婷婷的眼泪终于滚落下来，身上顿时有了力量，她开始从容地，一件一件做那些很急迫的事情。

后来，婷婷每每想到胡可刷鞋子的背影就会非常感动，这件事给了她很大的触动，从此当朋友们需要她时，她从不打一个含混的电话说："如果有什么事要我帮忙……"而是尽力去做一点对他们有用的事。

翻译家傅雷先生说过："一个人只要真诚，总能打动人的。即使人家一时不了解，日后便会了解的。"又说："我一生做事，总是第一坦白，第二坦白，第三还是坦白。绕圈子，躲躲闪闪，反易叫人疑心。你要手段，倒不如光明正大、实话实说。只要态度诚恳、谦卑、恭敬，无论如何人家不会对你怎样的。"

友谊之花需要滋养，真诚是友谊的生命源泉。我们对待朋友一定要坦诚相待，以心换心、将心比心才可以在自己同朋友之间架起心灵之桥。忠诚的朋友也许不是那么容易得到，在这个利欲熏心的社会中，外界的诱惑也许令很多人丧失了对朋友的忠诚，同时也抛弃了朋友之间珍贵的友谊。也有很多人自始至终都是用贪图利益的世俗心态去对待朋友的，当他们从你这儿捞不到任何好处的时候，他们就很容易从你身边走开。

古罗马哲学家爱比克泰德是这样描述虚假的友情的："你绝不会一看到互相爱抚的小狗便说没有比这更友好的了吧？只要在它们之间丢一块肉，你就明白它们之间的友谊究竟是什么。"英国的达尔文先生也说过："名望、荣誉、享乐、财富等，如果拿来和友谊的热情相比，这一切都不过是尘土而已。"而虚假的友情，只要遇到适当的时机，就会立即显露其虚伪。

友谊不全是鲜花的簇拥，那种只能同欢乐不能共患难的朋友不是真正的朋友。二十几岁的你要想得到知心的朋友，就要坦率真诚地敞开自己的心扉，对方才会感到你信任他，从而卸下猜疑、戒备心理，乐意向你诉说一切。

2. 学习成为很好的倾听者

倾听是一种非常重要的交流方式，是口才能力非常重要的一个组成部分。据美国传播学家查理·威瓦尔的研究表明，人一天中 40% 的时间是在倾听。社会学家兰金指出，在人们日常的语言交往活动（听、说、读、写）中，听的时间占 45%，说的时间占 30%，读的时间占 16%，写的时间占 9%。由此可见，倾听在交流中的重要性。

在小说《傲慢与偏见》中，丽萃在一次茶会上专注地听着一位刚刚从非洲旅行回来的男士讲非洲的所见所闻，几乎没有说什么话，但分手时那位绅士却对别人说，丽萃是个多么善言谈的姑娘。看，这就是倾听别人说话的原因。它能让你更快地交到朋友，倾听的同时，也充实了自己的不足。当然，倾听的时候必须要有"爱与接纳"的态度，抛开自我意识，除去心中偏见或成见，以"同情心"体会讲话者的心情、用词、表情，这样才能抓住对方内心深处的难题。

上帝给人们两只耳朵，一张嘴，其实就是要我们多听少说。而生活中，学会倾听却是女人应该必备的素质。这不仅仅是对别人的尊重，也是对别人的一种赞美。

专心地听别人讲话，是你所能给予别人的最有效的，也是最大的赞美。不管说话者是上司、下属、亲人或者朋友，或者是其他人，倾听的功效都是同样的。生活中很多女人总是更关注自己的问题和兴趣，同样，如果有人愿意听你谈论自己，你也会马上有一种被重视的感觉。

璧荷在一家时装店当售货员，一次一位顾客买了一件上衣，结果回家穿过后发现这件衣服褪色，将她穿过的白衬衣衣领染得花花绿绿。便找了回来。当顾客正在阐述事实，璧荷不耐烦地当即打断她的话，言辞凿凿地说："这件衣服我们卖了有几十件，你是第一个找上门来抱怨衣服质量不好的人。"

那位顾客被璧荷说得有些恼怒，两个人正在争执。璧荷说："以您的价格只能买一般质量的衣服，那是颜料问题……"璧荷又说了一堆顾客不太明白的颜料问题，这样璧荷喋喋不休地跟顾客理论。这时那位顾客已失去耐性，嚷道："你有完没完？说了半天连这件衣服的前世都快扯出来了。唧唧喳喳的，让这衣服见鬼去吧！"正在璧荷想要再陈述一遍事情之时，老板走过来问清了事情原委，温柔得体地对顾客说："为您造成麻烦实在抱歉，商店更不该出售会给顾客造成困扰的商品。您想如何处理，我们一定满足您的要求。"

老板的谦虚与低调使顾客心情平和了许多，将自己对这件衣服的看法一一道来。女老板在听完顾客的诉苦后，说："这样，您再试穿一段时间，如果还是不能让你满意，你可随时拿来。"

顾客的心情阴转晴，听取了老板的意见，拿着衣服回家去，没有再回来过。

卡耐基曾经说过："始终挑剔的人，甚至最激烈的批判者，都会在一个有忍耐和通情的倾听者面前软化降服。"

最成功的处世高手，通常也是最佳的倾听者。女人学会倾听，这是对别人的尊重和关注，它在日常的人际交往中具有非常重要的作用。善于倾听是人际交往中的一种手段，看似是一种静止的状态，实际上却蕴涵着丰富的信息，它就像乐谱上的休止符，运用得当，则含义无穷，真正可以达到"无声胜有声"的效果。

学会了倾听的艺术，相信你会从中得到许多的好处。我们知道，倾诉可以缓解自身的压力，当你有了心理负担或者是心理疾病的时候，去找一个友善的、具有同情心的倾听者把心中的烦恼向别人诉说，这可是一个很好的解脱办法。而倾听则可以解除他人的压力，要是在倾听中适当表示出对倾诉方的体谅心情，比如说适当地插入"我理解你的心情""要是我，我也会这样"之类的话语，这样一来，对方会感到你对他的心情是理解的，你们的交谈就能够融洽地进行。

倾听是一种对别人最好的恭维，我们很少会有人去拒绝接受专心倾听所包含的赞许。聪明的女人，必然是懂得倾听的女人，任何一个女人如果想成为一个善于与人沟通的高手，在社交场合成为一个受欢迎的人，那你就得先做一个善于倾听的人。善于倾听，就会让你处处受到欢迎，让你显得更加美丽动人。

3. 不要有权力的傲慢和知识的偏见

喜欢喋喋不休、有点聪明就爱到处显摆的女孩要注意，虽然表面上，周围的朋友喜欢你的活跃，但实则内心是反感的。尤其是在职场中，要知道，公司就是个小的竞争场，如果到处炫耀自己的精明能干，遮挡他人的光辉，会受到一些人的排斥与厌恶。当然，稍有阅历的人是不屑一顾的，你肤浅庸俗的行为不会受到人们的尊重。

要想获得更多的友谊，与其争风头，不如多留点时间去学习，认为自己很聪敏就大言不惭地冲锋陷阵，你只会成为暴露在空旷原野上的兔子，任鹰捕食。真正聪明的女孩很会把握时机，该挺身而出却不错过机会，该隐身而退绝不盲目跟从。其实说白了，争风头不过是为了满足自己的虚荣心。

主角不是说当就能当的，主角要承担的责任很大，并没有我们想象得那么轻松潇洒。不能因为自己声名远播而对不及自己的人摆出傲慢的姿态，那样的女孩只会令人嗤之以鼻。

但现实生活中，我们却不难发现，有很多年轻气盛的女孩仗着自己知识渊博或者在社会上有了一定的地位和权力，就眼高于顶，对其他人颐指气使，一副高高在上的模样。这种现象在职场上尤其经常发生。

台湾地区著名的畅销书作家曹又方在接受采访时说："有力量的人往往是温柔谦逊的。条件越好，越要温柔谦逊。"真正明智的女人绝不会将自己放在高高的宇宙上，他们总是怀着谦逊的态度对待身边的人和事，也因此获得了更多更大的成功。如果一个人总是自信满满，看不起比自己差的人，就会失去他人的信赖。二十几岁的女人一定要记住，不要看低你身边的任何人，即使是面对那些不如自己的小人物，也要表现得谦逊一些。

宁静是大德公司的一名业务主管，向上司汇报或请教问题的时候总是一副虚心求教的样子。然而，当她面对级别比她低的员工时，总是颐指气使，态度非常恶劣，即使是有求于他们，也总是一副命令的口吻，在公司里的名声非常不好。

一天早上，宁静急匆匆地赶往公司，抱着一堆材料的她走到大门口的时候对保安说道："还不赶紧过来帮忙，没看见我拿不动吗？真不知道你们整天在做什么？"那些保安对宁静的为人素有耳闻，都对她没有任何好感，于是其中一个保安说道："对不起，宁小姐，我们暂时走不开，而且我们也没有义务帮你拿这些材料。"宁静顿时火冒三丈，将他们狠狠训了一顿，然后窝着一肚子气走向电梯，却发现电梯上贴着检修的字样，这意味着她必须抱着沉甸甸的材料爬上八楼。

当她爬到五楼的时候已经累得不行了，忽然看到有人经过，她想："这人肯定是我们公司的，在五楼的肯定是策划部的小职员。"于是她大声叫道："喂，赶紧过来搭把手，累死我了！把这些材料送到八楼的会议室去，待会儿老总要开会。"只见那个人走了过来，一句话也没说，接过她手上的材料就向楼梯走去。宁静跟着他到了会议室，然后说道："你去忙吧，这儿没你的事了。"刚好这时老总的秘书走了进来，恭敬地将矿泉水放到了那人面前并说道："杨总，我已经通知下去了，各部门的经理主管马上就到！"

宁静这时才知道，面前这个被自己称作小职员，还让他给自己拿材料的男人竟然是公司的老总，顿时涨红了一张脸，不知道该说什么。杨总看着宁静手足无措的样子，严肃地说道："是你自己递辞呈，还是让公司开除你？"

敬人者人恒敬之，当你怀着虚心求教的方式去请教别人的时候，一定会得到他人的帮助。即使你所请教之人不能解决你的问题，他也会告诉你一些有用的信息，或者将你介绍给能够解决问题的人。二十几岁的女人无论在什么时候，都要时刻表现出谦逊的姿态，即使你的身份地位高人一等，也要对他人表示出尊敬的态度，绝不能因为对方没有你权力大、学历高就对人心存鄙视，如果你不能及时改变这种做法，相信总有一天你会自食恶果的。

4. 任何成果和成就都应和别人分享

学会与人分享是一件很快乐的事情，不愿与人分享的人往往会失去很多快乐，背负很多痛苦。

要想获得成功，二十几岁的你首先要学会与人分享你的成果和成就。在与他人分享的过程中你不仅能够获得满足感，同时也能够给他人带去快乐，分享你的经验也能帮助更多的人成功，这样的人又有谁是不乐意结交的呢？

很久以前，有一匹高大健硕的白马，发现了一处非常好的草场。这匹白马非常兴奋，认为自己以后再也不必到处跑着找草场了，因为这片草场足够自己吃一辈子的了。

　　就在这匹白马万分高兴的时候，有一头美丽的梅花鹿跑过来吃草。那匹白马气势汹汹地吼道："这是我的草场，你给我滚出去！"小鹿抬起头，看到的是一匹高大的白马，便和气地说："白马伯伯，你说这是你的草场，有什么证据吗？"

　　"当然有证据，你等着，我这就去把证据找来。"说着，这匹白马便飞一样地跑走了。

　　白马在山下发现了一户人家。于是非常有礼貌地对这家主人说："请你上山为我作证好吗？"这家的主人想了想说："我可以答应为你作证，但你也要答应我一件事，我要给你戴上笼头和马嚼铁……"为了要那片草场，那匹白马爽快地答应了这个人的要求。

　　这个人给白马戴上了笼头和马嚼铁，骑着它来到了那片美丽的草场，为白马作了证。就这样，那片草场就归属于白马了。不过戴上笼头和马嚼铁后，它必须每天都去为给它作证的人耕地、驮东西。

　　白马虽然成了草场的主人，但它同时也成了人的奴隶，并且从它以后的世世代代也都成了人的奴隶，而小鹿和它的后代们至今则仍是自由的。

　　现实生活中，很多女人都是非常封闭而且自私的，她们不懂得与人分享自己成功的秘诀，甚至害怕自己的秘诀和经验被人知道后超越了自己，所以，她们虽然是成功了，但实际上她们失败了。因为不舍得与人分享的她们成了孤家寡人，表面上看起来叱咤风云，可是谁能想到这些人常常在夜深人静的时候备感寂寞和无奈呢！

　　很多时候，我们会听到年轻的爸爸妈妈在教育他们的小宝宝时会说一句话："好东西要学会跟人分享。"的确如此，生活需要分享，无论是快乐还是痛苦，不管是成功还是失败。没有人分享的人生，都是上帝对我们的一种惩罚。

黎小姐是一位非常有钱的女人，当她又一次谈成一笔生意之后，她在她家旁边修了一座花园。花园又大又美，吸引了不少人前来游玩。黎小姐站在窗前看着快乐的人们，不禁非常生气，于是她叫人在花园门上挂了一块牌子，上面写着："私人花园，请勿入内。"可是这一点也不管用，人们还是照常前来游玩，黎小姐让人去阻拦，结果有一些淘气的孩子拆走了花园的篱墙，甚至毁坏了一些花和树木。而且即使这样，每天还是有很多人前来游玩。

最后黎小姐想出了一个办法，她叫人重新在门上挂了一块牌子，上面写着："欢迎你们前来游玩，但是请大家注意，花园的草丛中有一种毒蛇，如果被不幸咬伤，必须要在半个小时之内治疗，否则性命难保。而离这里最近的医院也要花四十分钟。"

从那以后，人们再也没有来过这座美丽的花园。几年之后，人们发现花园已经荒芜了，杂草丛生，里面还有蚊子和毒蛇。而孤独寂寞的黎小姐也非常怀念人们来花园游玩的日子。

交友除了有难同当以外，最重要的是有福同享。若想让他人无法忘记你这个重感情的好友，必要的时候，别为了偶尔的荣耀披上自私自利的小人披肩。

生命的丰富是因为你的分享而成倍地增长的。当你把快乐的事情告诉朋友的时候，他也会为你高兴；当你把自己的痛苦和幸福吐露给朋友的时候，你的心灵就得到了平静，你就变成一个更加亲切可爱的人。我们要学会与他人分享快乐和痛苦，也要学会与他人分享你的成功和成就。一个懂得分享的人，生命才会丰沛而且充满活力。当二十几岁的你懂得了分享，你的生命也会变得更加绚丽多彩。

第15课

学会看开与宽容

有句话说的好：「生气是拿别人的错误来惩罚自己。」如果我们每个人都能学会用阔达的心境来看待周围的人与事，用宽容来谅解一切，那么你的世界每天都将阳光明媚。

1. 宽容是一份互惠的礼物

二十几岁的女孩，要慢慢地学会忍耐与宽容了，社会并不是一个可以任性的地方，若大小姐的脾气不慢慢收敛起来，有些时候很可能就因为你的计较会让你失去自尊与修养。

给那些不友好的人善意的微笑，既能够让对方无地自容，也能够给别人留下大度且善解人意的好印象。忍让并不是懦弱，也不会伤害到自身的尊严，而是具备一项人人称颂的宽容美。放下理直气壮的坏脾气，在适当的时候让一步，不仅可以体现出我们高贵的涵养，而且还会让我们成为受人欢迎的女孩。

也许很多人都记得弥勒佛像两边的对联："大肚能容，容天下难容之事；开口便笑，笑天下可笑之人。"年轻的你如果对任何事情都能一笑了之，那么你的生命之中的烦恼之事就会削减很多，而且学会宽容也是女人获得幸福的一种方式。

一天深夜，27岁的晴燕正行驶在路上，在一个路口的转弯处，发现有一对年轻的夫妇抱着一个孩子在焦急地向路上张望。她感觉他们一定是有急事，就把车停在他们面前询问这对夫妇是否需要帮忙。男人很警觉地问他："你是黑车拉活儿的吧？到儿童医院多少钱？"晴燕一听就知道是孩子病了，赶紧请他们上车，并事先声明她只是出于帮助。一路上这对夫妇左顾右盼，一直以警惕的眼神看着晴燕，还不时地摸车上是否有什么利器。晴燕起初觉得有些生气，没想到自己被当成了"犯罪嫌疑人"。不过后来想想也就算了，没什么大不了的。

等到了医院门口，一家人下了车，匆匆向急诊室奔去。刚进大门，那男子突然转过身，向正欲驾车离去的晴燕笑着挥挥手。晴燕看到那男子脸上的歉意和笑容要传达的感谢，她想如果当时没有克制住对他们行为上对她造成的侮辱，发生口角，她或许看不到那么真诚的笑容。

有些事真的没有必要太过较真。因为如果一个人一直沉浸在对别人的愤怒中，整天都想着那个得罪自己的人，那么必定会影响到自己的情绪，甚至影响自己的健康。其实当争执不可避免地发生时，只要了解对方想法的理由，就能够设身处地想到对方的想法，那么即使原本再难以接受的事情，或许都能解决得了，因为那时候你就能用一种包容的心去看待人或事了。

无论大事小事，学会宽容，宽容别人可以化解心中的伤害和痛苦。宽容是一份礼物，而且是互惠的，它可以让付出的人感到痛苦的缓解，可以让得到的人感到被接纳的喜悦。

生活里会遇到很多不公平的事情，也会遇到很多让我们无法接受的人，我们不能改变别人，与其非常愤怒地大声指责别人的行为，不如怀着理解的心态给对方一个微笑。任何一个人都不会去伤害一个善良的人。声嘶力竭只会让自己像小丑暴露在光天化日之下，任人鄙夷与嘲讽，没有谁会愿意去主动与一位心胸狭窄之人握手交好。

人生不如意事常十之八九，面对困惑，心情难免会受到波动，但情绪反应却又影响着我们的生活，生命的完整在于宽恕、容忍、等待和爱，如果没有这一切，即使你拥有了一切，也是虚无。对于生活中那些鸡毛蒜皮的小事，完全犯不着大动肝火。

当犯错的人是你自己的时候，你会渴望得到别人的谅解，得到别人的支持。同样地，当你面对的是一个犯错的人时，对方也抱着这种心情。所以，打开你心里的那扇窗户吧！你会发现，当你对别人表示宽容的同时，也会得到同样的回报，而你的朋友也会越来越多。

富兰克林说过："对于所受的伤害，宽容比复仇更高尚。因为宽

第 15 课　学会看开与宽容

容所产生的心理震动，比责备所产生的心理震动要强大得多。"如果二十几岁就学会了宽容，那么你就能随时清理自己内心的垃圾，剩下的全是平和的幸福。女人要想成为生活的强者，就应当豁达大度，笑对人生。学会宽容别人，就是学会善待自己。怨恨只能永远让我们的心灵生活在黑暗之中；而宽容，却能让我们的心灵获得自由、获得解放。

2. 不要把有可能是伙伴的人变成对手

虽然我们做不到让每个人喜欢自己，但俗话说："朋友多了路好走，敌人多了愁白头。"与人交涉，有时偶尔的一个眼神或者一句话，便可判定自身在对方心中的地位。

"哎哟，你看你脸上白一块黑一块的，用的是最劣质的化妆品吧？""瞧那人穿的衣服褶皱得，估计好几天不洗了，脏死了。""瞧你那傻样，自以为多聪明似的，还是让我来吧。"一直以来我们都喜欢将自身率真、坦诚的一面对待他人，内心所想所感全都暴露无遗，却不知这其中很多成分对他人造成了伤害，让友善的感觉慢慢瓦解，原本可以成为朋友，却无巧不巧地因为冒冒失失的一些言语成了对手。

二十几岁的女孩早应该脱下青涩的外衣，懂得稳健、成熟。社会是个大缸，里面充斥着你所能想到却也想不到的各类性格之人。

正可谓"士可杀，不可辱"，无论谁的最低底线都是不可随意被污秽的尊严。"人活一张脸，树活一张皮"，颜面尽失，是对一个人最大的不敬与侮辱，是绝对不可被原谅的行为。在社会中想要站稳脚跟，首先我们就要学会如何给对方留下好印象，而不是制造对手。

在我们的周围，有很多年轻的女孩却很容易犯这样一个毛病，明明是对自己有帮助的好同事，最后却变成了激烈的竞争对手。她们总是喜欢对自己的同事冷嘲热讽："不要以为你走了，我会有什么损失。""我们公司不是没有你就不行的。"所谓"退一步海阔天空",逼一步悬崖蹬空,如果将对方变成敌人,等到对方有一天崛起的时候,倒霉的就会是你。

汪茜和安宁一同进入了某公司的销售部,汪茜心高气傲而且尤其好强,因此业务能力不错。而安宁总是一副温和的态度,对待任何人都是笑脸相迎,业务能力同样出色。所有人都认为在她们俩的合作之下,公司的业绩会大大提高,而且她们两个人都是那么出色,应该会成为很好的朋友吧。但是事实恰恰相反,汪茜从小就看不得别人比自己强,在她眼中,她是绝对不会和安宁成为合作伙伴的,她要做的就是用自己的能力来证明自己比安宁强,一定要将她击退。

在以后的日子里,安宁想要找汪茜商量一些事情,却总是被汪茜讽刺:"你不是很强吗,干吗还来问我?""哎哟,你都搞不定,我就更不行了。"开始,安宁只是皱皱眉,可是时间长了,安宁也受不了了,虽然她性格温和,但毕竟内心是骄傲的,最后安宁辞职了。

汪茜终于松了一口气,认为自己的好日子来了。可是从那以后,她每次看好的客户都会被另一家公司抢先,让她非常窝火。当她约见对方公司的业务经理时,看到的人正是安宁。她成了她最有力的竞争对手,安宁还是那么淡然,临走时还对汪茜说了句"加油"。

汪茜和安宁都是人才,相信她们俩一起合作,一定会为公司带来不少的效益,自己也能从中得到不少好处。可是汪茜费尽心机赶走的安宁,却成了自己最强有力的对手。在职场上,像汪茜这样可以把伙伴变成对手的事例数不胜数,这些都是女人的忌妒心在作怪,可是这样做的人最后都没有好下场。二十几岁的年轻女孩正是需要拓展人脉的时候,我们要做的是尽一切可能去结交对自己有利的朋友,而不是冒冒失失、眼光狭隘地赶走身边比自己强的人。

任何时候,我们都要将与人为善牢记在心,只有这样,你才能交到更多的好朋友，而不是树立更多的敌人。要想在事业上取得成功，二十几岁的年轻女人就应当想尽一切办法把身边的人都变成自己的盟友，绝对不要轻易将朋友变成对手或者敌人，否则当有一天你的身边剩下的全是对手时，失败也就离你不远了。

3. 对别人的小过失、小错误不要斤斤计较

现今倡导女人一定要做"大女人"。什么是"大女人"？大女人的定义也许就是抛弃那种斤斤计较、哀哀怨怨的情怀，用一种阳光的心态，追求热情、开朗、对生活充满信心、对自己的生活负责、不断追求自我成长机会的女性生活态度。

人非圣贤，孰能无过。在生活和工作中有很多人总是爱较真，其实与人相处就要互相谅解，经常以"难得糊涂"自勉，求大同存小异。有度量，能容人，你就会有很多朋友，而且能够左右逢源；相反，"明察秋毫"，眼里不容沙子，过分挑剔，什么鸡毛蒜皮的小事都要争个是非曲直的人，人家会躲你远远的。最后，你只能关起门来"称孤道寡"，成为人人避之唯恐不及的异己之徒。

我们越是计较，就活得越不开心，心中的气也就越大。生活中我们难免遇到一些不愉快的事情，一味地生气、计较，不但不会使事情好转，反而会让事情越变越糟，失去的也就越来越多。

可凡是应届毕业生，好不容易过五关斩六将，被一家大型企业录取了。上班第一天，她早早起床，把自己收拾好就出门了。因为起得比较早，所以离上班时间还有一个小时，她就想去吃个早点。

正当她坐在餐桌旁准备用餐时，紧挨着她坐的一个小孩子不小心碰倒了桌上的牛奶，全部洒在了可凡身上。小孩的母亲连忙道歉，并且拿纸巾不停地给她擦，无奈衣服上还是留下了斑斑点点的污渍。曾

可凡觉得非常晦气，怎么上班第一天就遇到这种倒霉事！

可凡越想越生气，担心同事们看到了会有想法，担心老板会因此觉得她是一个粗枝大叶的人。到了上班时间，她忐忑不安地走进办公室，心烦意乱的她拿错了同事的文件，给老板倒水时溅了满桌子的水渍，慌乱中又打坏了公司的电话……

可凡就这样冒冒失失地度过了上班的第一天。下班的时候，想想自己一天乱糟糟的表现，她恨恨地说道："都怪这可恨的牛奶污渍。"

计较，是人性的缺点，它让我们失去太多宝贵的东西。一个快乐的人，不是因为他拥有得多，而是因为很少去计较。一个事事都计较的人，他失去的不仅仅是快乐，还有更珍贵的东西。做人不要太计较，努力改变自己，努力喜欢你周围的每一个人，这样别人才会喜欢你。

在还是孩童的时候我们常常有这样的举动，别人碰了你一下，不管有意还是无意，我们都会打一下还回去。那时候我们少不更事，可能就在这一来一往中打闹嬉笑后不了了之。然而现在的我们已经长大，对生活有着不可推卸的责任。

当一些不好的事情发生在我们身上，无论是怀恨在心还是纠缠不清又或者报复，这都是对我们生命的不负责。上帝创造了我们，降生的那一刻，就像一张白纸，纯真无瑕。生命是为追求快乐、寻找快乐、创造快乐而存在的。我们没有理由拒绝幸福。

人的一生就是由数不清的小事组成的，为这些鸡毛蒜皮的小事去伤脑筋，浪费时间，实在是不值。事情已经发生了，伤害也已经造成了。用不断的怨恨对那个人诅咒，让自己生活在愤怒和仇恨的煎熬中，那么你失去的要多得多。

做最好的自己需要有一定的胸怀，不要斤斤计较，而善于去争取最多的支持和同情。

计较是一块吸引烦恼的磁铁。如果你对凡事都计较，就难免烦恼重重。想要摆脱烦恼，不妨把这块磁铁扔掉！如果我们对世间的一切，不去羡慕、不去比较，幸福快乐自然常伴左右。大家倘若在家庭中、团体内、社会上能建立"不与别人计较"的观念，甚至希望别人比自己更好，对方能得到更多的利益，即能转烦恼为菩提。

　　人之所以快乐不是因为得到得多，而是因为计较得少。我们的人生，向前的只是半个世界，而大家拼命地向前推挤，不知道转身还有更宽广的半个世界，何等逍遥自在。愿大家学习不计较、不比较，从另外一个角度，去寻找人生的幸福快乐。

第16课

坚持和放弃是孪生姐妹

在人生的旅途中，只有学会舍去该舍的东西，你才能更好地轻装上路去追寻那些应该坚持的东西。人生本就是一个舍与得的过程，学会「舍得」很重要。

1. 舍得放下已经拥有的，坚持追求自己想要的东西

"决不放弃，坚持到底"一直促使着我们牢牢抓住所获得的一切，从来不考虑放弃，即便已到路的尽头，依然抱着逆转的侥幸心理。也因此，很多人在面临抉择的时候舍不得放弃，其结果不仅仅是赔了夫人又折兵，甚至造成无法弥补的结果。

一位旅人沿着悬崖边漫步，欣赏风景，突然不小心脚下一滑，从高处跌入深谷，不过幸好他抓住了一根树枝。这时周围的游客纷纷替他捏了一把汗，那旅人大喊着救命。一位当地的壮汉伸手想要帮他，告诉他放开手中的树枝。然而那旅人却不肯放下，继续将树枝抓得紧紧的。那大汉虽心急，但必须尽量保持旅人不慌张，轻轻地说："快放手，你不放手，谁也救不了你。"那旅人喊道："不行，如果放手，我会摔死的。"结果那个旅人真的掉下了悬崖，只因那树枝承受不了那么大的负荷，断裂了。

"如果不放手，谁也救不了你"，一直坚持自己所拥有的，有理想有抱负却贪得无厌，仿佛"狗熊掰棒子"，想要拥有得太多，到头来却依然是那一个。如此，我们如何抗拒外面无穷无尽的诱惑、红灯绿酒的花花世界。

我们的一生，如铺在花园中的一条小径，有着无数的岔口，不可能同时去向所有想要的地方，那么是穿进带刺的娇艳玫瑰花丛，还是选择清香淡雅的茉莉花丛？而在现实的人生道路上，同样不可能事事完美，如果选择永恒的真爱，可能失去个人的生命旅程。如果选择温

馨的家庭生活，可能失去成功的事业。如果你统统将这些握在手中一样也不肯放下，最终只会生活得痛苦，甚至原本抓住的一切瞬间失去。

有一个女孩，被自己相恋几年的男朋友抛弃了，她想不通为什么会是这样，对这段感情始终不能放下，只要一想到他，就泪流满面。终日精神恍惚，什么事情都做不下去，她根本不听朋友和家人的安慰及劝说，只是一个人沉浸在痛苦之中不能自拔。对于工作她也没有心思，每天只是神不守舍地应付，不久就被老板炒了鱿鱼。这下她更加绝望了，她觉得自己很不幸，没有人真正关心她，人间没有温暖存在，幸福与自己更是无缘。

直到有一天，她洗脸的时候，突然仔细端详了一下自己的脸，却被吓了一大跳。她不敢相信镜子中那个脸色苍白、满眼怨恨的女人就是她，她曾经是那样的青春靓丽、活泼可爱。看着自己的样子，她自己甚至想，这个样子的女人我也不会爱的。

她下决心将以前的那段感情放下，不再在过去里哀怨感叹，她要过崭新的健康的生活。于是她又找了一份工作，每天带着笑容面对家人、朋友、同事，积极地处理着生活和工作上的事物。不久，一个比前男友更帅的男孩被她的积极乐观所吸引，同她展开了一段让人羡慕的恋情。

女孩说，其实放下很容易，只要你自己肯做决定。

放不放下没有任何人能帮你，只有你自己才能决定。而我们有时会优柔寡断，无法割舍那本该放弃的东西，因而放弃了能够重新选择的最佳时期，甚至因为一些错误的选择付出巨大的代价。放弃需要勇气，而勇敢的女人总能够审慎度日，把握住生命中真正宝贵的财富，从而收获爱情、家庭以及事业上的成功。

面对选择不果断，人生就失去了一次辉煌的机会。一些女人爱钻

第 16 课　坚持和放弃是孪生姐妹

牛角尖，认准的事情任何人都不能阻止，结果在这个残酷的社会中伤得头破血流，而那时才认识到是自己害了自己，过分的执著并不是一件好事。

当坚持已经没有任何的意义，不如潇洒地放手。"条条大路通罗马"，只有重新选择，找到真正适合自己的那条路，短暂的人生才不会充满缺憾。

玫瑰花枯萎了，然而蜜蜂依然拼命吮吸着，只因为它过去一直靠吸吮这朵花上的蜂蜜生活。但枯萎的玫瑰花的蜜汁有毒，有毒的蜜汁很苦，当蜜蜂吸进嘴里的第一口便尝出其中涩舌的苦味。蜜蜂愤起抱怨，抬起头来冲着天空喊："为什么原本的美味变得如此难吃？"

后来有一天，蜜蜂无来由地振动翅膀，飞到了毫无遮挡的上空。这时，它发现，枯萎的玫瑰花外围，处处是盛开的娇艳鲜花。

的确，放弃很难，总是充溢着无奈与伤痛，但若想要减少生活的一些弊端，就必须有这样的决心。毕竟无论你如何选择，都注定失去一些东西，但得失是相互的，在你失去的同时你也会得到一些东西。

有时，我们心里也很通透，知道自己如果放弃会失去什么然后得到什么，不过总觉得每样东西对自己都很重要，于是哪一样都舍不得放手。事实上，没有两样东西可以做到平分秋色，我们必须从中选择相对长远的。有些东西你以为错过了就不会再出现，可当我们真的不小心错过了，却会发现今后它依然会出现。

如果我们可以放弃一些执著，舍弃一些利益，其实会得到更多。身边的人大多只关心我们能飞多高，只有我们自己才关心自己有多累，知道自己真正需要什么。所以，人生的道路要靠我们自己去走，关照自己的内心，不要受外界的牵绊，不要让自己生活在矛盾与挣扎之中。当我们什么时候懂得了放弃，什么时候才会慢慢向幸福靠拢。

歌德说过："生命的全部奥秘就在于为了生存而放弃生存。"勇于放弃是一种智慧，它不仅代表的是结束，更是新的开始。既然这条路不适合我们走，就干脆放弃，继续坚持自己想要的，依然可以获得最终的成功。

坚持的过程是很痛苦的，它需要非凡的毅力和决心。只有敢于舍弃，才会有另一种获得。也许并不是每个年轻的女孩都拥有令人咂舌的胆识和能力，但是，我们也要明白这样一个道理，当你觉得某样东西无法力争得到的时候，应该果断地选择放弃，而当你有了自己心中所属的坚持时，不管多么困难，我们也要进行尝试，不管是否成功，至少这样心中不会留有遗憾。

2. 学会鼓励自己，这很重要

很多女人往往缺乏自信，始终不相信自己能够独立完成自己的心愿，所以她们从来不鼓励自己，反而一遍遍告诉自己："我那么笨，肯定完成不了。""努力了那么多次都没有成功，还是放弃吧。"这些让人自信心大肆消退的话语不仅让她们失去了前进的动力，而且封锁了她们还未开发的潜能。二十几岁的女人要知道，成功者总是那些拥有积极心态并且善于激励自己的人，当你学会鼓励自己发挥潜能时，你才变得真实而有价值。

然而生活纷纷扰扰，我们避免不了会遇到这样或那样的事情，当我们遇到不如意的事情时，真正帮我们的人或许没有，真正能为我们分忧解难的也许不多。

所以当我们无法从他人那里获得鼓励或者帮助时，我们要做的就是自己拯救自己，自己鼓励自己，相信自己，自己为自己缓解压力！

斐扬是沙漠探险队的成员之一，结果却在一场沙尘暴中和队友走散了。她在望不到边际的沙漠中迷失了方向。

沙漠一直被视为黄色的死亡沼泽，炽热的烈阳和随时而来的风暴都是死亡的审判者。身上所携带的水已经喝光，斐扬踩在滚烫的沙子上缓步移动着，她又渴又累，但她很清楚一旦闭上眼睛，生命就会就此终结。

终于她还是倒下了，在她处于半昏迷状态的时候，忽然听到了她的女儿在呼唤她。她努力睁开半只眼，模糊中仿佛女儿在向她招手，然而定睛一看，女儿消失了。她想到了那个深爱她的丈夫和年幼的女儿，想到父母还需要她的照顾。有太多太多的事情在等着她去完成。斐扬告诉自己要振作，绝对不可以屈服，只要前进就有希望。

一股无形的力量支撑着斐扬再次站起来，朝着沙漠的尽头走去。她脸上带着微笑，如果可能，她恨不得奔跑起来，但浑身上下疼痛得很，还有意识能支撑自己行走已经不容易了。她一遍一遍告诉自己要加油，一次一次想要倒下的时候在心里说"快了，快到了"。

沙漠似乎被斐扬强大的决心和毅力吓退。终于，在斐扬处于弥留之际的时候，她走出了沙漠，虽然那一刻她已经完全失去了知觉，但她的伙伴们和救援部队找到了她。对于柔弱无助的斐扬，本来大家已经不再抱什么希望，然而她却奇迹般地走出了沙漠，活了下来。

遇到困难挫折时，不要一味地想要从他人那里得到帮助，我们应该学会自己鼓励自己，让勇气和力量在心中产生。一旦我们依靠自己的力量振作起来，那么今后无论面对怎样的困境我们依然可以靠自己解决。

能自己拯救自己，鼓励自己，利用自己的力量走出困境的人就算不能成为成功者，但绝不会是失败者。

卡耐基说过："不能激励自己的人，一定是一个平庸的人，无论他的才能如何出色。"激励是我们生活的驱动力量，它来自于一种希望成功的愿望。没有成功，生活中就没有自豪感，在工作和家庭中也就没有快乐与激情。

激励的作用是强大的，它能说服和推动你去行动。行动就像生火一样，除非你不断给它加燃料，否则就会熄灭。激励就是行动的燃料，源源不断地为你提供行动的能量。时时用对成功的渴望来激励自己，作为新员工，你就会有足够的动力去战胜困难到达成功的彼岸。激励的力量是无穷的，它让你有勇气和能力面对一切困境，也足以使你彻底改变自己。

周欣媛在大学毕业之后找到了一份推销员的工作，可是没干几天，她就对老板说："我不想干了。"

"怎么回事？能告诉我原因吗？"老板问道。

"我不是干推销员的料，就这么回事！我总是不成功，我不想再干了。"

老板并没有立刻赞同她的想法，只见老板说道："如果我没看错人，你的确是干推销员的好料子。我向你保证，小周同志。现在你马上离开这里，当你晚上回来的时候，你争取到的订单一定比你这一生中任何一天所争取到的还要多。"

周欣媛看着老板，愕然无声。突然她的眼睛亮了起来，里面充满了斗志，然后转身离开了老板的办公室。那天晚上，周欣媛回来的时候脸上充满了胜利的神采，她创造了干推销员以来的最佳纪录，而且从那以后，她一直如此。

学会激励自己，自我期望的程度越大，就会取得越大的成就。你认为自己行，你就一定行。我们要不断地给自己一定的工作计划，时刻监督着自己，鼓励自己去朝着目标前进。懂得自我激励的人是聪明的人，这样的人会进步得越来越快。

成功的关键就在于你的心中要一直相信自己，同时要不时地激励自己。成功不属于那些妄自菲薄的人。它偏爱那些相信自己并时刻激励自己前行的人。二十几岁的你是不是还在迷茫，还在等待别人给你安排工作？路在脚下，找准方向，制订计划，然后产生压力，自我激励，你就会成功。做你喜欢做的事，然后把它做到最好。心理学家发现，人可以靠着自己的不断想象，成为自己理想中的人物。当你想象自己是非常积极的人、非常热情的人、非常有能力的人时，你就能很好地激励自己去行动。

3. 一定要学会放弃

　　放弃，对每一个人来说，都是一个痛苦的过程，因为放弃意味着不再拥有。但是，不放弃却想拥有一切，最终你将一无所有。生命给我们的就是一座丰富的宝库，但是你必须学会放弃一些，选择自己需要的，或者是适合自己的，否则生命将难以承受。

　　法国作家杜拉斯曾说过："人之一生，不可能什么东西都能得到，总有可惜的事情，总有放弃的东西。不会放弃，就会变得极端贪婪，结果什么东西都得不到。"在人生的紧要处，在决定前途和命运的关键时刻，我们不能犹豫不决，必须勇于决断，敢于放弃。

　　两个贫苦的樵夫靠着上山捡柴糊口。有一天在山里发现两大包棉花，两人喜出望外，棉花价格高过柴薪数倍，如果将这两包棉花卖掉，足可供家人一个月衣食无忧。当下两人各自背了一包棉花，便欲赶路回家。

　　走着走着，其中一名樵夫眼尖，看到山路上扔着一大捆布，走近细看，竟是上等的细麻布，足足有十多匹之多。他欣喜之余，和同伴商量，一同放下背负的棉花，改背麻布回家。

　　他的同伴却有不同的看法，认为自己背着棉花已走了一大段路，到了这里丢下棉花，岂不枉费自己先前的辛苦，坚持不愿换麻布。先前发现麻布的樵夫见屡劝同伴不听，最后只得背起麻布，继续前行。

又走了一段路后，背麻布的樵夫望见林中闪闪发光，待近前一看，地上竟然散落着数坛黄金，心想这下真的发财了，赶忙邀同伴放下肩头的麻布及棉花，改用挑柴的扁担挑黄金。

他的同伴仍是那套不愿丢下棉花，坚持枉费辛苦的论调，甚至还怀疑那些黄金不是真的，劝他不要白费力气，免得到头来一场空欢喜。

发现黄金的樵夫只好自己挑了两坛黄金，和背棉花的伙伴赶路回家。走到山下时，无缘无故下了一场大雨，两人在空旷处被淋了个湿透。更不幸的是，背棉花的樵夫背上的大包棉花，吸饱了雨水，重得完全无法再背得动，那樵夫不得已，只能丢下一路辛苦舍不得放弃的棉花，空着手和挑黄金的同伴回家去了。

人生的获得和失去，在很多时候都无法由我们自己来掌控，外在的因素有很多。有时候坚持未必是一件好事，或许舍弃才是洒脱，是聪明的女人面对生活的智慧选择。永远尝试着去做一件自己根本无法完成的事情，是对生命的一种浪费，只有学会放弃，才能卸下肩上沉重的包袱，轻装上阵，去寻找人生旅途上更有意义的事情。

学会决断，学会放手，在你承受不起的时候。放手，并不意味着失去，只是多了一份可供选择的空间。放手，不意味着抽身不管，只是明白我们不能控制一些事物。放手，就是承认自己有所不能，事情成功与否有时并不受我们控制。放手，就是认识到不可能事事遂心，尊重既成事实，珍惜当前。因为，人的执念有时会伤害到别人，也令自己痛苦。

有时放弃并不意味着失败，而是对生命的过滤，对心灵的洗礼，对自己的重新认识。人生就是一个不断追求、不断放下的过程，一旦我们知道自己正在追求错误的东西时，不要太过执著，适时地放弃才能得到更多。痛苦，是因为舍不得；幸福，是因为舍得；忧郁，是因为舍不得；快乐，是因为舍得。所以说，人要拥有美好的心态，才是

第16课 坚持和放弃是孪生姐妹

我们永葆快乐的源泉。

诗人泰戈尔说过："当鸟翼系上了黄金时，就飞不远了。"智者曰："两弊相衡取其轻，两利相权取其重。"放弃是生活时时面对的清醒选择，学会放弃才能卸下人生的种种包袱，轻装上阵，安然地等待生活的转机，渡过风风雨雨；懂得放弃，才拥有一份成熟，才会活得更加充实、坦然和轻松。

4. 坚持做自己相信和热爱的事情

现今许多人仅仅是为了满足父母的期待，轻而放弃自己真正的梦想。股神巴菲特的儿子彼得在这一点上是幸运的。他19岁时做出决定，不进入父亲呼风唤雨的金融界，而选择音乐作为自己的职业追求。当他忐忑不安地寻求父亲的意见时，巴菲特说："儿子，其实我们俩做的是同一件事——我们热爱的事！"

伊莎多拉·邓肯在他坦率闻名的《邓肯自传》中有深入人心的讲述，这个生于大海边的女孩子自幼就不相信世上有圣诞老人，而且蔑视一切陈规，唯独听从自身内心的声音。在她的舞蹈班上，哪怕是最小的孩子，她也会告诉他们："用你们的心灵去听音乐，现在，你一边听，是不是同时感觉到有一个自我正在你内心深处觉醒？正是靠这个自我的力量，你才抬起你的头，举起你的臂膀，慢慢走向光明。"

一天早晨大雾弥漫，能见度不到一米。公共汽车、小轿车和出租车根本无法行驶，被迫停在路边。大街上，人们只好在大雾中慢慢地边探索边步行。

杨梅要去公司参加一个重要会议，绝对不能迟到，尽管心急如焚也只能像其他人一样摸索着前进。但令她烦恼的是她居然迷路了，站在原地踌躇不定，不断地跺脚哀叹。

就在这时，杨梅遇到了一个热心肠的老大爷，对方主动问她是不是需要帮助。杨梅也没怎么太在意，就随意说了句自己迷路了。老大爷知道后便自告奋勇地替她带路。杨梅起初不想走，但也只能死马当活马医跟在老大爷后面了。就这样，他们俩寸步不离地穿行在浓雾之中。虽然街上能见度很低，但老大爷却毫不费力地走着。他领着杨梅走过一条胡同，接着拐进一条大街，然后通过一个公园，只用了半个小时就到了她的公司门口。

杨梅欣喜万分，但她始终不明白为何老大爷如此轻车熟路。她诚恳地询问，那个老大爷告诉她："再大的雾也难不住我，这条路走了一辈子，有感情了，眼睛虽然看不到，但心却看得很清楚。"

俗语说"眼瞎心不瞎"，只要我们心里有一盏明亮的灯，选择面前不丢失自己内心的想法，就永远不会迷路。人生亦是如此，当我们面对选择时，不要盲目地去寻找可以给你答案的任何人请教，别人了解的你只是片面，所给的意见也是出于他们本身对事物的看法，而你才是真正了解自己的人，也唯独你内心的选择、想法才是最符合你自身实际的。

当然，我们所说的并不是要你凡事以自我为中心或一意孤行，而是从正确的角度出发，不轻易放弃内心想法以及热爱的事情。平时过于依赖他人，只会让自己遇事犹豫不决，优柔寡断，害怕出差错，如果再过度依赖他人，只会蒙蔽自己的心，时时刻刻跟随别人的脚步行事。一个没有自我，没有理想的人，只是一部没有注入灵魂的机器，而你所认为的事半功倍并不属于你。

一个人，如果在有限的生命做的是自己不愿意或者是不热爱的事情，是对生命的不负责，是对自身欠下的债务。人生无法预言，人生苦短。我们只能希望它充实而有创造性，我们应该感到幸运能做自己热爱的事，并希望一直做下去。每个人都在不同层面上有所挣扎。工作固然辛苦，但只要我们热爱它，觉得值得才是最重要的。

成功来源于坚持，现在具备这种坚持不懈的精神的年轻女孩越来越少，很多女孩在遇到困难的时候，第一个想到的就是放弃，她们甚至会说："反正还有父母在。"这样的想法明显是对自己人生不负责任的表现。

二十几岁的女孩已经有了自食其力的能力，也许我们的成长环境是一帆风顺没有波折的，但是如果对于自己热爱和感兴趣的事情都无法长久坚持，不愿迎难而上，一旦遇到困难便选择退缩，那么你终将一事无成。成功的路上必然会是满眼荆棘，但是只要你愿意坚持，永不放弃，成功之神终有一天会降临你的身边。

第17课
做有时代责任感的『大』女人

新时代的好女人，应该是对自己、对别人都有责任心的，尤其是在金钱面前，有相当的自控能力。她们懂慈悲，怀善心，用关爱去感动身边的每一人、每一事。

1. 怀慈善心，热衷于公益事业

老子说："上善若水，水善利万物而不争。"慈善不仅仅是怜悯和施舍，而是把服务社会当做自己应尽的责任，渐渐地，形成了这样的社会氛围：拥有足够的财富并不代表成功，社会奉献和社会责任感是衡量成功的重要标准。

华美兰是个充满爱心的女人，她踌躇满志，积极回报社会，乐善好施，关爱弱势群体，一次次伸出援手，帮他们走出人生困境。

华美兰热衷于社会公益事业，她舍弃了自己的工作，几年来帮助各个地方的弱势群体，还积极发动周围的人参与到关爱弱势群体活动中来。她还告诉残联工作人员，有什么困难，尽管打电话找她，只要她能做到的，她会全力帮助的。

汶川大地震那段时期，她立即与网络上志同道合的志愿者朋友一起自费去灾区为他们开展心理辅导，直到累得自己迈不开腿，说不出话，才从灾区撤了出来，回来后还积极奔走，为灾区的人民捐款。她的家人都十分地支持。她可爱的儿子也耳濡目染，小小年纪却已经是个小男子汉，节假日还经常和妈妈一起参加志愿服务。

几年来，她长期关注着弱势群体，为残疾的孤寡老人做按摩、喂饭；陪伴老人们过节、过生日。每逢中秋、重阳等节日，她都会去敬老院和老人们共度佳节，让他们感受到快乐，感受到温暖。她用爱心和汗水托起一条条面临倾覆的生命之舟。一次次爱的奉献使她获得了最大的幸福感，她的笑容总像阳光一样灿烂。

善是感动深埋在内心的根系，只有内心里有善，才能够长出感动的枝干，因感动而流下的眼泪，只是那枝头上迸发开放出的花朵。

李嘉诚在 1980 年就成立了李嘉诚基金会，他宣布拨出 3 亿港元发起"香港仁 爱香港"公益活动。他曾说："我的钱来自社会，也该用于社会。我已不需要更多的钱，我赚钱不是只为自己。为了公司，为了股东，也为了替社会多做些公益事业。"

伟大的音乐家贝多芬曾经说过："没有一个善良的灵魂，就没有美德可言。"善是我们不可或缺的美德，感动就是我们应该具有的天然品质。内心里拥有善，才会看见弱小而感动得自觉前去扶助，才会看见贫穷而情不自禁地产生同情，才会看见寒冷而愿意去雪中送炭。善是我们内心最可宝贵的财富，是我们彼此赖以生存和心灵相通的链环。

女孩大学毕业之后历尽艰辛，仍没能找到一份合适的工作。这天她按招聘启事上的地址找到应聘公司的总经理办公室。老板椅空着，显然总经理不在。办公室里有几个人坐在沙发上谈话，女孩不好打断他们，就坐在一旁等。

当时天气很热，杯子已先后见了底，也没有工作人员进来续水。女孩就站起来，为每个人的杯子都续上了水。等了许久，总经理也没来，女孩已为谈话的人续了好几次水。最后，谈话的人里面的一位中年人问她来做什么事，她说来应聘。那人点点头说："你被聘用了。"后来女孩才知道，那人便是总经理，更使她吃惊的是，她因匆忙走错了楼层，这家大公司从未登出过招聘广告。

善良就犹如天使的翅膀，可以带来绚烂和美丽。一向热衷于公益慈善事业的著名影视女星杨童舒很少出现在绯闻的风口浪尖，却不遗余力地为公益慈善事业奉献自己的力量。正如杨童舒在自己的博客中所说："我所经历的每一次慈善之旅，都让我心灵宁静如清水无痕。"

第 **17** 课 做有时代责任感的「大」女人

每个人奉献一点爱心就可以会聚成爱的海洋，每个人点燃一丝微光就可以照亮整片夜空。而具备慈善意识的女人，像天使一样让人无法回避她身上散发出的温暖。

善良是人性中最基本的品格，也是人性中最为朴素的美。只有在善良的土壤里，才能开出一切更为崇高的品德之花。在这个纷繁复杂的社会里，我们不可能要求自己做到仁者大爱，毕竟每个人的生活是不一样的。但是有一点，二十几岁的女孩一定要记住，那就是始终秉持一颗善良的心，不管走到哪里，不管你做什么，只要你有一颗善良的心，你的生命就会奏出最优美的华章。

2. 慈善人首先要过"慈善知识关"

发展慈善公益组织，会遇到各个方面的问题，中国有上百万的草根公益组织，包括社团在内注册的只有 28 万，就是说很多的还没有合法的身份，不得不到工商那里去注册。

慈善不可小觑，也不可随意乱为，要想真正做好慈善事业，不仅要有一颗仁爱之心，它还需要更多的专业性知识。基金会分为私募的基金会和可以做公共募捐的基金会，这是有不同的资质的，而且必须要经过民政部门非常严格的审定才可以。在这里提醒具有爱心的女孩，做慈善一定要在相关知识上过关，才能避免更多的麻烦。

2009 年，张欣被美国《福布斯》评为"全球最有影响力的女富豪"之一，排在奥普拉、eBay 前 CEO 惠特曼等后面。但是，张欣非但对于商业女性话题不感兴趣，还觉得女富豪这个词有点刺耳。她时常笑着对媒体说："这种称呼真的很难听。"

事实上，如今的张欣只对很少的东西感兴趣：慈善、孩子、信仰、贫困地区学校厕所。在她不感兴趣的名单上，则是楼盘、财富、销售数字。她时常说："我就是这么感觉的，财富今天在你这儿，明天可以到别人那里去。在的时候不要太欢喜，去的时候也不要太忧伤。"

2010 年 8 月份，张欣又在微博上表示，已经收到了盖茨和巴菲特发来的邀请，他们将于 9 月 29 日来北京，"我在媒体上看到他们来中国要说服中国人慈善捐款，美国的慈善事业做得很成熟，而盖茨做得更上一层楼。对于慈善活动，相比而言，我们才刚起步，要学习知识真的还有很多。"

投身慈善事业不能是一时兴起，而需要细水长流。有人说："要改变慈善事业的现状靠个人是很难办到的，政府应该鼓励非营利性机构的成立，在法律程序上给予便利，同时要减免税收，慈善机构应该从筹款中提取资金作为行政开支，财务审查制度同样需要完善……只有通过政府的手段才能增强大众投身慈善事业的决心不动摇，同时引出更多的共鸣。"

过去我们总认为，有慈悲之心者都会有行善行为，而很多人把它看做一种"一时兴起"的投入。但是真正上升到慈善事业的层面，它需要的是一套科学的管理机制，商业上成功的运行模式。我们应该学会使它从一种感性的冲动，变成一种生活方式。

虽然我们很难做到像美国的洛克菲勒基金会、福特基金会一样，建立自己的模式，长期关注某些领域，但可以先从小我做起。通晓慈善知识后，不仅能够识破一些虚假的慈善活动，还能够有所小成时，对周围的人或事做一份力所能及的贡献。

女孩子有一份慈悲胸怀，更需要一个平台来舒展内心的慈爱，不需要做一些惊天动地、轰轰烈烈的壮举，偶尔能够小小帮助那些需要帮助之人，不失为人生一道灿烂的福音。"行善者终有福报"，虽然我们不苛求回报，但在慈善知识正确的领导下，去做最有意义的事情，内心的愉悦与满足是任何其他一件胜利都无法取代的。

因此，我们不仅仅要有善心，更要有一颗敏而好学之心，为了完善慈善事业，在忙于工作的同时弄懂慈善方面的相关知识。发善心是一件很快乐的事情，善良帮助的是他人，但更多时候润泽的是我们的心灵。

3. 把慈善当做愉快的事

丽莎女士现经营电子商务网站"百贸网"，其名下总资产约两个亿，她多年来默默地关注着弱势群体，在汶川地震、青海地震以及各种灾害中都捐献了大量的财物，坚持低调不计回报。她做慈善从不为名不为利。她认为人生短暂几十年，钱够花就行，如果能够帮助到更多的人，那将会是一种乐趣，生活也会变得更加美好。

"希望工程"的创始人之一徐永光就曾经讲希望工程是"眼泪指数"极高的项目。很多时候激发人们善举的行为就是同情心的激发，在眼泪的攻势下进行行善的。

做慈善是一件让人身心愉快的事情，在向受助人伸出援手的同时，捐赠人自己也能体会到内心的快乐和愉悦。真可谓是"赠人玫瑰，手有余香"！

杨文瑛是香港晨兴电子有限公司董事长，兼任上海市慈善基金会名誉副理事长。至今，杨文瑛与丈夫王祖同已向上海市慈善基金会总计捐献了5000万元善款，其中2000万元都是用来助学的，仅在上海就有8336人次的贫困生接受了资助。

2001年，杨文瑛向市慈善基金会捐赠第一笔1000万元善款，设立"晨兴慈善基金"。2002年春节，杨文瑛到长兴、横沙岛慰问贫困居民。当她得知岛上许多贫困家庭里的孩子上学有困难时，就决定启动"晨兴慈善基金"资助岛上的孩子完成学业。同年11月，在江西万载大爆炸事件后，杨文瑛和丈夫一起来到江西万载县，捐款 200 万元在当地修葺了 19 所危房小学，并在池溪村新建了一所晨兴希望小学。在他们的带动下，晨兴公司的很多员工都倾注了极大的热情，从集团副总到生产部的员工，纷纷加入捐款行列，为"旭日工程"助学，帮助考上大学的贫困学生上学，为希望小学购买电脑、文具。

杨文瑛所在的晨讯科技集团目前吸纳了二十多名残障人士。进入集团后，他们中有人读了专科、本科，又读研究生，成为手机设计的行家；也有人变成了 ERP 系统的高手。"无论是残障，还是健康，人们都渴望最充分的发展。让残障人士也有机会迸发出创造力，这也是慈善事业的一部分，企业就应当提供平台。"做个搭平台的人，这是她又一个"别样心愿"。

在做慈善的活动中，我们一概把慈善的"快乐指数"看做是一种创新，拒绝娱乐化、庸俗化，慈善是严肃的事情，需要付出很多心血。一直怀抱着"把做慈善当做快乐的事"，我们才能在慈善之路上快乐地前进着。

做慈善不是攀比，一块钱也是慈善，一百万也是爱，在自己力所能及的范围内适当地去帮助一些人又有何不可呢？当你看到你的财富和努力能为别人带去快乐的时候，你心里的幸福感、愉悦感一定不亚于受助者自身的体验。再多的心血和付出也是值得的！

正是这种快乐的慈善，社会各界人士的爱心行动才得到了社会上的积极响应，国家有关部门对此表示支持。2009 年 5 月，由阳光文化基金会与中国儿童少年基金会联合举办的"风雨之后见彩虹——汶川大地震孤残儿童救助专项基金慈善答谢家"在北京举行，邓捷、蒋勤勤、赵宝刚等明星的慈善行为得到表彰。答谢会现场举行了慈善拍卖，共拍得善款 417 万元，全部用于儿童慈善事业。

"只要人人都献出一份爱，世界将变成美好的人间"，衷心希望所有有爱心的女孩都能够拿出自己的真诚，捐献一份爱心。"山不在高有仙则名，水不在深有龙则灵"。即便我们不是什么大人物，慈善不在多，重在那份慈爱与传播快乐的心。请在你美丽的面容后面始终怀有一颗慈爱的心和慈悲的胸怀，乐于向需要帮助的人伸出援手，捧出爱心。助人为乐为快乐之本，也许正是这样的快乐和幸福造就了很多女士无限的独特魅力！

4. 爱是一种需要学习和培养的能力

2008年，以5·12汶川大地震为契机，各类公益组织和机构如雨后春笋般蓬勃发展，民间的慈善热情日益高涨，公益慈善力量得到了井喷式的释放。甚至有人说，2008年是中国公益活动的元年。慈善活动此起彼伏，彰显了广大人民的慈善与爱心。

但在慈善献爱心活动中，并不缺乏"慈善秀"，是的，有良心不一定做慈善。爱不仅是一种意愿，也是一种能力，而且这种能力的强弱会决定以后意愿的多少。公益慈善事业需要爱，但爱并非天生就具备，公益慈善组织自身要有"造血"的功能，而非仅仅依靠外界的"输血"。

27岁时，特蕾莎任加尔各答圣玛丽亚女校的地理和历史老师。在教会学校高高的院墙之内，有鲜花、绿树、笑语、歌声，然而，在高高的院墙之外，却只见四处游荡的乞丐、孤儿、病人和流浪汉，满眼的贫穷、破败、肮脏、混乱和阴惨。印度总理尼赫鲁曾称加尔各答为"噩梦之城"。

特蕾莎修女认为，关心最穷苦最悲惨者，才是上帝的意愿。为此，她决意放弃清静舒适的学院生活，甚至退出芳莱德修女会，将自己变成身无分文、一贫如洗的人，搬到这座噩梦之城声名最为狼藉的贫民区提亚那，去照顾那些乞丐、孤儿、病人和流浪者。她深知，只有与他们平等相处，而不是采取居高临下的施舍态度，才不致伤害他们的自尊，才能真正地去爱他们，真正地去帮助他们。

特蕾莎修女成立了一个专门无偿地服侍受苦人的"仁爱修会"。加入此会的修女除了要遵守天主教常规的三大绝愿——绝财、绝色、绝意之外，还要向天主许下第四个大愿即一生一世、专心专意为最贫穷的人服务，绝不可半途而废。

"为最穷苦的人服务"并不是说说那么简单，具体去做，就得用上百分之百的爱心、诚意和勇气才行。单是替他们洗澡，就够让人为难的，其污垢之厚得用瓦片和玻璃才能刮除，那种怪味和腐臭气更是令人翻胃作呕，为了顾及他们的尊严，还不能掩鼻皱眉。因此，特蕾莎修女常常叮咛仁爱修会的那些怕脏怕臭的见习修女："当你们料理穷人的疮口和伤处时，千万别忘记，这是基督的创伤。"

在那个时候，患了麻风病的人是最不被尊重的，他们会被强制送到山区，只能以乞求食物维持生命，像动物一样生活，最终死亡。由于麻风病的高传染性和患者身上腐肌所发出的臭味，据说连饥饿的秃鹫都不敢碰触麻风病人的尸体，特蕾莎修女却毫无惧色地走向那些被社会遗弃的悲惨群落。她从麻风病人溃烂的伤口中小心翼翼地捡出蛆虫，亲切地抚摸他们受损的残肢。

在20世纪80年代初，全世界都被艾滋病震惊。艾滋病杀死了数以万计的感染者，但关于它的资料却非常少。很多感染者都被遗弃在医院，没有人再去想接触他们。又是特蕾莎修女，在全世界范围内开设了若干家收留艾滋病感染者的地方，在那里他们可以得到最人性化的护理服务。

特蕾莎修女认为，基督的信仰就是爱，金钱并不能使一切问题迎刃而解。较之捐钱给她，她更希望人们肯做义工，把自己的爱意面对面地输送给某个穷苦人。她说："挨饿者所渴望的，不单是食物；赤身者所急需的，不单是衣服；露宿者所企盼的，不单是牢固的住房。即便是那些物质丰裕的人，都在渴求友爱、关心、接纳和认同。"因此，特蕾莎修女的目的不是做一般意义上的慈善家。一般意义上的慈善家给饥寒者提供衣食，给流浪者住处，给伤病者提供医药，这种居高临下的施舍只不过是生存层面上最简单的援助，救命而不能救心。

特蕾莎修女救助了一辈子穷人，如果没有爱的能力，慈善作为一项事业是很难坚持下去的。因为在行善的过程中也需要很多的规划，需要认真地去执行，如果没有这种能力，即使再多的爱心和捐款也只能治标不治本。

"我们缺乏的并不是个体的企业家商业伦理，而是作为整个社会制度建设的欠缺。"我们应该坚信"慈善一定是一种能够自我补充的长效机制，而不只是一腔热血喷洒出来的。一种制度的建立要比单纯捐钱重要得多"。

没有爱心的慈善活动，经不起风吹日晒，施救者感觉不到温暖与鲜活，慈善也不过是走走形式，宣扬宣扬名声罢了。但只是动动嘴皮子上的关爱，同样如风中柔雪，一缕阳光便蒸发殆尽。

慈善之爱需要学习与培养，每个女孩都是幸运的天使，善良，具有纯洁的爱心，但爱不仅仅是一种感动、意愿、情怀，它更是一种能力，不是说大家一流眼泪一激动，再把钱捐出来就可以了，这中间还有效率、资源浪费、公信力、透明度等种种问题。很多人觉得经商是需要管理的，但慈善也不是有一颗爱心就能够做好、做完善，它也涉及层层面面，并不比管理一家公司来得容易。因此，我们要把慈善看成是一个科学性的管理问题，而不仅仅是一个爱心的问题。

有爱心只是我们开展慈善事业的先驱，在工作之余，培养自身对慈善的认知与管理能力，让爱不仅仅是走走形式，付诸行动与爱心相辅相成，才能够给被帮助者以身与心的最大鼓励，才能不枉费我们一片仁爱的付出。我们或许只是渺小的一个，无法伟大到将慈善发扬光大，但我们可以付诸行动，按部就班，让每一个被帮助者获取心灵上的最大安慰，同时收获一份心安。

第18课
做一个有韧性的女孩

我们不可能要求世界上所有的事情都能顺应自己的心意，当我们在人生的旅程中不被认可或者遇到挫折时，那么请一定要保持韧性，这样我们才能遇强更强。

1. 不怕犯错，要有初生牛犊不怕虎的闯劲

初出茅庐，二十几岁的女孩要有一种初生牛犊不怕虎的闯劲。哪怕犯很多的错误都没有关系，年轻最大的资本就是犯得起错误。要勇敢地去追求自己热爱的事业，因为你不去追求，你怎么知道你是不是能够做得到呢！

现如今，我们受到了越来越多"不做没有把握的事""不拿青春赌明天"的教育，尤其是女孩子，更是被熏陶得少了份闯劲。但换个思想，也许你会发现其实不是每个人都有十成的把握，人生想要成功总难免要冒很大风险，这样才会活得精彩。其实，你不做，还有很多人会做，他们可能会失败，但他们有成功的机会，而你却连机会都没有。

姜美娜在一家外企工作，由于她业绩很好，对公司贡献很大，因此获得升迁。原本令人高兴的事情却让她发现一些生活上的细节在发生变化。周围的同事开始用"女强人""强悍"来形容她，丈夫对待她的态度从过去的百般疼爱变得渐渐疏离。

为了找到根源，姜美娜发现自己越来越行事果断、能干、强硬，颇具威信，而这也正是当初她想要的，但现在却要面对同事的敬畏与丈夫的排斥，让她感到莫名的压力。慢慢地她有了想要放弃的念头。

她丈夫是一家公司的高层，经常游说让她辞职，常常义正词严地说："天天看你那么累，我心疼得很，挣钱交给我就行了。看看，你眼角的鱼尾纹又多了两条，再这么折腾下去，可就不漂亮了。有时间去做做美容多好，我挣的钱足够支撑这个家。"而姜美娜真的动心了。

人生路上难免困难重重，如果你连面对它们的勇气都没有，何谈成功？不妨看看周围形形色色的人，你就会发现：有些人比你更杰出，那不是因为他们得天独厚，事实上你和他们一样好。如果你今天的处境与他们不一样，只是因为你的精神状态和他们不一样。在同样一件事情面前，你的想法和反应与他们不一样，他们比你更加自信，更有勇气。仅仅是这一点，就决定了事情的成败以及完全不同的成长之路。

自古以来，女性都表现得柔弱、谦和、体贴，不比男人的强悍、野心，女人就是要依附男人、瞻仰男人，被他人百般呵护疼爱，正是这种观点形成一股无形的压力，让女人刻意否认自身的实力与成就，很多女人害怕成功会让自己成为众矢之的。

但看昨夕与今朝，古有王昭君为求幸福，大胆外嫁番邦；武则天为皇权霸业，一手撑天；花木兰替父从军；马皇后辅弼朱元璋定江山，等等。现有何晶，新加坡淡马锡总裁；蔡淑君，新加坡电信总裁；杨绵绵，海尔集团总裁；孙亚芳，华为公司董事长；董明珠，格力电器总裁……哪个不是铁铮铮的娘子军。而她们之所以成功的秘诀就是胆大，勇敢去追求。

勇敢不畏艰险的女人，具备强大的气场，懂得为人处世的道理，更有打破常规、突破传统的勇气，为梦想而奋斗，通过扬长避短发挥其身的优势去追求。我们同样有愿望，渴望通过成功来证明自己，所以我们需要放手一搏。

失败并不可怕，因为我们可以从中得到经验和教训，重要的是作为二十几岁的年轻人，就应该具有"初生牛犊不怕虎"的优秀品质，哪怕稍微有一点点狂妄，都是非常可爱的。因为它充满了对一个世界去探索的好奇。

女孩子只有像男人一样勇敢地去闯荡，才能在这个社会上受到更多的尊重，才能体现出女人更大的魅力所在。所以，趁着年轻的大好时光，为自己插上梦想的翅膀，尽情地在天空中翱翔，不管成功或失败，你在大风大浪的阻击下一定会变得更加坚强和成熟。

2. 不是所有的故事都有美丽的结局

一个圆环被切掉了一块。圆环想使自己重新完整起来，就到处去寻找丢失的那块。由于圆环不完整，因此滚得很慢，它一路欣赏着路边的花儿，它与虫儿聊天，它享受阳光。它发现了许多不同的小块，可没有一块适合它，于是它继续寻找着。

终于有一天圆环找到了非常合适的小块，它高兴极了，将那一小块装上，然后又滚了起来。它终于成为完美的圆环了。它现在能够滚的很快，以至无暇注意路边的花儿，也无暇和虫儿聊天。当它发现飞快的滚动使得它的世界再也不像以前那样时，它停住了，把那一小块又放回路边，缓慢地向前滚去。

生命中有些东西原本是可以舍弃的，太完美的结局往往就像那个完整的圆一样会失去很多曾经拥有的快乐。也许正是因为失去，才令我们完美；也许正是因为缺陷，才体现我们的真实。人生的许多沮丧都是因为得不到自己想要的东西，其实，人生中不管经历了什么，获得了什么，我们都要明白，不是所有的故事都有美丽的结局。

电视剧《仙剑奇侠传三》的尾声，大家历尽艰辛，终于消灭了魔剑仙之后，蜀山上，紫萱和长卿受到掌门的指点，领悟真正的爱是成全，决定饮下忘情水，彼此忘记三世的生死纠缠，不束缚对方的自由。忘情湖边，紫萱用竹叶舀起忘情水，给长卿一片，深深地望他一眼，然后用袖子遮住，饮下，对着长卿亮一亮竹叶；长卿慢慢把竹叶凑近唇边，一口饮尽。然后两人对望，浅浅一笑，转身离开，没有谁回头。轻叹，一段记忆有三生那么长，到最后却要用一杯水去遗忘。

走着走着，紫萱落泪了。原来她用袖遮面的时候，手晃了一晃，把竹叶里的忘情水晃落，再作势喝下。

走着走着，长卿并指，点了一下喉间，吐出在紫萱面前饮下的那口忘情水，水落地的瞬间，沧桑盈满眼。

放弃即是成全，"两情若是久长时，又岂在朝朝暮暮"。爱与被爱总叫人难舍难分，但不是拥有着巨大能力，就一定可以绘制出完美的蓝图。短暂的结局不是重点，重点是那令人回味无穷、酸甜苦辣五味杂陈的美好过程。

很多的时候，我们都会为自己所做的事情设想一个美好的结局，但遗憾的是，人生本就如此，前方永远都有不可预知的困难和磨难。二十几岁的女孩要明白人生不可能是一场完美的喜剧，它是悲喜交加的，所以当我们遭遇困难，面对"木已成舟"的事实时，不要悲伤，也不要怨恨。我们所要做的就是重新踏上希望的征途，鼓足勇气去寻找另一种成功的方式。

其实每个人的一生都难免有缺憾和不如意，也许我们无法改变这个事实，但我们可以改变的是看待这些事实的态度。现实的生活告诉我们，不是所有的探索都能发现鲜为人知的奥秘，不是所有的跋涉都能抵达胜利的彼岸，不是所有的汗水都会结出丰硕的果实，不是所有的故事都有美丽的结局。因此，我们必须学会放弃，明白了这一点，也许就会在失败、迷茫时找到内心的平衡点，找回自己的人生坐标。

二十几岁的你在遭遇困境时千万不要灰心丧气，往往最好的疗伤方式就是用另一段成功来证明自己并非真的无用。

3. 希望，让我们在不断地失望后继续前行

我们渴望成功却一再害怕失败，一旦失败便从此愁眉不展，找到原因，却又悔恨苦闷，自怨自艾，甚至自暴自弃。实际上，失败并不可怕，关键是在于我们是否还有希望。想想那些历史中或者当代伟

人，有哪个没有经历过失败。

例如，历史上统一六国的霸主秦始皇，他的丰功伟绩被后世称颂，然而他的残忍暴虐却让人胆寒与痛斥，身为帝皇即便是错也必须是对，结果他终其一生孤独。

现实总是不够完美，使得希望就像是一场赌博。输了很痛苦，但这不是放弃的理由，我们弱小的灵魂要有所依托，就像章子怡说的："《艺伎回忆录》杀青前的最后一场戏是我的，那夜很冷，戏终于拍完了，导演说了许多赞美的话，我很想开口也说点什么，但什么也说不出，只是忍不住在哭，像丢失了自己，不知该怎么办了，这种感觉从前没经历过。"章子怡需要她的角色，我们同样需要胸怀希望，不为别的，只为自身。

在人生行进的过程中，我们要始终满怀希望，一个没有希望的人，就会像断线的风筝一样，没有任何方向和依靠，就像大海上失去方向的轮船，飘飘荡荡，永远靠不了岸。就像杨澜说的那样："人只有对远景充满期待，才不会焦虑，也才会从容面对一切。心，是最骄傲的地方。"

在一个偏僻遥远的山谷里，有一个高达数千尺的断崖。不知道什么时候，断崖边上长出了一株小小的百合。百合刚刚诞生的时候，长得和杂草一模一样。但是，它心里知道自己并不是一株野草。它的内心深处，有一个内在的纯洁的念头："我是一株百合，不是一株野草，唯一能证明我是百合的方法就是开出美丽的花朵。"

有了这个念头，百合努力地吸收水分和阳光，深深地扎根，直直地挺着胸膛。偶尔也有飞过的蜂蝶鸟雀，它们也会劝百合不用那么努力开花："在这断崖边上，纵然开出最美丽的花，也不会有人来欣赏呀！"百合说："我要开花，是因为我知道自己有美丽的花；我要开花，是为了完成作为一株花的庄严使命；我要开花，是由于自己喜欢以花来证明自己的存在。不管有没有人来欣赏，不管你们怎么看我，我都要开花！"

在野草和蜂蝶的鄙夷下，百合努力地释放内心的能量。有一天，它终于开花了，它那灵性的白和挺秀的风姿，成了断崖上最美丽的风景。年年春天，百合努力地开花、结籽。它的种子随着风，落到山谷、草原和悬崖边上，到处都开满洁白的百合。

几十年后，远在百里处的人，从城市、从乡村，千里迢迢赶来欣赏百合开花。许多孩童跪下来，闻嗅百合花的芬芳；许多情侣互相拥抱，许下了"百年好合"的誓言；无数的人看到这从未见过的美，感动得落泪，触动内心那纯净温柔的一角。那里，被称为"百合谷地。"

雨果说过："只有信仰才让思想发出火花，只有希望才让未来发出光芒。"绵绵的春雨是大地播种的希望；抽动的花蕊是花朵萌生的希望；展翅翱翔是雄鹰驾驭长空的希望。一个人，只要心中充满希望，就不会对未来充满恐惧，并且能怀着希望在人生的道路上一直前进，永不放弃。

只要内心充满希望，不管失败多少次，还是会顶风向前。莱特兄弟在研究飞机的时候，很多人都讥笑他们是异想天开。但是莱特兄弟丝毫不理会他人的闲言碎语，终于发明了飞机。世界上像他们这样坚持不懈的人有很多，他们之所以在别人嘲笑甚至谩骂声中取得成功，就是因为他们是永远心怀希望并坚持到底的人。

人的一生总会有各种各样的遭遇，内心也会因此经受着各种磨炼和挑战，但这才是真实的人生。世界上最可怕的就是努力结不出硕果，付出得不到回报。当失败成为常态，雄心沦为无奈，整日的奔波奋斗却换来毫无起色的未来，这样的生活，又有几人坚持得下来？平庸的人生，就是因为在反复的失败中，放弃了自己。只有破罐才会破摔，要想让自己的价值得以体现，每个人都有磁场，放弃招来堕落，坚持吸引希望。

你要相信，机遇是不会戴着"有色眼镜"来看你是富有还是贫

第 *18* 课 做一个有韧性的女孩

穷。无论做什么事，只要在你自己的心中有了信念，那么，一切都会成功的。倘若真的遇到绝境，千万不要灰心，不要让昨天的沮丧令明天的梦想黯然失色，只要心存梦想，机遇就会兼顾你；心存希望，幸福就会降临于你。每个人都生活在一个充满机遇的世界里，只要你在生活的各个方面加强积累，拥有敢为天下先的创造意识和勇气，把握时机，那么你就会获得自己想要的成功。学会在平和的心态中开拓未来，凡事心存希望，一切就终有转机。

4. 最糟，也不过重新再来

虽说"失败是成功之母"，但承认失败，意味着意志再次消磨。失败不可怕，可怕的是我们用怎样的心态去面对，跌倒了，大不了重新爬起来，膝盖划破了，始终会长出新的皮肤。我们一路走来，靠的是自身的意志力，因此不应该承认失败，结果只是一瞬间的华丽或黑暗，重要的是享受过程。

所谓的失败，是指那些从未拿起过之人，胆怯、懦弱。而我们曾拿起，无须担心放下会空空如也，在这一点上，我们是成功的。

人的一生中，挫折总是不可避免的，但是如果换一种思维来看待的话，那就是：有的时候，就是要体会一下粉身碎骨的疼痛，因为只有经过磨炼，才能认识到什么路可以走，什么路不能走。也只有在疼痛过后，才能够找到前进的方向，获得脱胎换骨的进步和成长。

威尔玛·鲁道夫出身于美国一个铁路工人家庭。她出生时，由于早产险些夭折，后来又患了小儿麻痹症，使她的左腿萎缩，无法走路，必须靠穿着铁架矫正鞋才能勉强行走。随着年龄的增长，她的忧郁和自卑感越来越重，甚至拒绝其他人的靠近。

但有一个例外，邻居家那位只有一只胳膊的老人成了她无话不谈的忘年交。老人是在一场战争中失去一只胳膊的，但他很乐观。她很喜欢听老人讲故事。有一回，她坐在轮椅上被老人推着到附近的一所幼儿园去玩，操场上孩子们动听的歌声吸引了他们。当一首歌唱完，老人说："我们为他们鼓掌吧！"她吃惊地看着老人，问："你只有一只胳膊，怎么鼓掌啊？"老人对她笑了笑，解开衬衣扣子，露出胸膛，然后用一只手掌拍起了胸膛……当晚，她写了一张纸条贴到墙上，上面写道："一只巴掌也能拍响。"从那以后，她开始全力配合医生治疗。不管多么艰难和痛苦，她都咬牙坚持着，因为她相信自己总有一天也能够像其他孩子一样行走、奔跑……

16岁那年，威尔玛入选美国国家队。在1956年墨尔本奥运会上，她参加了4×100米接力赛，结果她和队友一起获得了铜牌。1960年罗马奥运会女子100米决赛中，当她以11秒18第一个撞线时，全场掌声雷动，人们都站立起来为她喝彩，齐声欢呼着她的名字。那一届奥运会上，威尔玛·鲁道夫成为世界上跑得最快的女人，她共获得了100米、200米和4×100米接力赛3枚金牌，被誉为"女欧文斯"。

威尔玛·鲁道夫说："任何时候都不要放弃希望，哪怕只剩下一只胳膊；任何时候都不要放弃梦想，哪怕残疾得不能行走。"真的，许多成功者都不是一开始就一帆风顺的，他们也经历过人生的黑夜，但他们终于凭着必胜的信念和顽强的奋斗走出了黑夜，赢得了光明。

成功总是会出现在永不放弃、有顽强意志力的人身上。挫折和压力都是生活的一部分，是永远无法避免的。当下的痛苦只是一时失落所致，过后再看其实这些挫折压力都是人生最大的财富。

生活中往往有一些女人习惯用失败者的角度审视自己，当她们站在镜子前时，脑海中会想起一道声音："看看你这身俗不可耐的衣服还有眼角不笑自显的皱纹，老态龙钟，估计你肚子上松弛无度的赘肉永远也减不掉了。"当她们走在大街上时，内心会有个声音询问："为

第18课 做一个有韧性的女孩

什么你长得这么平凡，身材这么臃肿？为什么你永远比别人低一等无论是家境还是财富？"当她们看到那些出双入对的情侣时，往往哀叹："为什么没有人关注我？为什么没有哪个男人肯为自己倾慕？难道注定自己要孤苦一生，或者只能随意找个人结婚？"

我们或许已经过了青春靓丽的年纪，或许没有一副好身材，或许为了生活而拮据，或许依旧一个人承受日月交替的孤单，但是，我们不应该选择用失败者的态度对待自己，不应该让心底蠢蠢欲动的阴暗面控制自己，否则当听取成为习惯，你便失去了自我，成为消极情绪的傀儡，你的自信与勇气荡然无存。自己将自己鞭笞得遍体鳞伤，而你也只会如想象得一样成为他人眼中最平庸甚至颓废的一个。

成长离不开挫折与苦难的历练。挫折让我们对自己的承受力有一个新的认识，让我们回归自己的核心竞争力，从而学会忍耐坚持下去，只要坚持下来一定会有一片属于自己的天地。如果说有什么可以分享的话，那就是要不断地给自己"升值"的同时还要开拓自己的视野。

"在哪里跌倒就在哪里爬起来"，人生路不会尽是平坦的大道，也有坑洼不平的小道，跌倒了不要指望别人来扶你，自己爬起来，再一次向前冲去。人生的经历也不尽是鲜花和掌声，也有乌云盖顶，荆棘密布。我们并没有因此而失败，要坚信生活终究会美好。

一个人往往没有办法选择命运，可是凭借个人的努力去征服命运，却是一件可能的事情。身处逆境，人们会比平日更能激发出巨大的能量，因此你不必因恐惧逆境和挫折而去当温室里的花朵。在一帆风顺的生命中，一旦遭遇困境，首先被摧残的就是那些失去意志力和行动力的花朵，只有经常接受磨炼的人才能够在激流中屹立不倒，才能在汹涌的浪潮中置之死地而后生。

第19课

事业和家庭并无矛盾

事实上，事业与家庭并无矛盾。关键在于彼此之间能否相互支持、相互了解。我们完全可以在事业和家庭中找到一个平衡的支点，以维持事业与家庭的和谐。

1. 快乐工作等于快乐生活

一些职业女性随着自己的经历和工作本身发生变化，无论气质还是语言习惯都会发生变化。快节奏的生活让很多女人整天变得紧张兮兮，既要承受工作的压力，也要面对家庭、感情等各方面的问题，面部表情除了愁眉苦脸便是强颜欢笑，充满了焦虑、担心、害怕、压抑、疑惑、怨恨、苦痛……仿佛失去了自我，完全无法掌控自己。

然而却也有另外一些女人，整日容光焕发，看上去惬意，颇有一份春风得意。这些女人习惯上将工作当做最好的美容术，有些女人甚至快乐地说："我工作，我快乐，所以才年轻。"

对于现在的很多年轻人来说，除了吃饭睡觉，剩下的也就是工作了。工作是为了满足人们的需求，保障人们的基本生活，同时也可以更好地提高生活的质量。从另外一个层次来说，工作也是人们体现自我价值和创造社会财富的最主要途径，特别是在现代的社会化协作越来越成熟的时期，每个人做的工作都能比以往任何时代发挥出更大的作用。所以，做什么工作以及如何做好成了很多人关心和要解决的问题。

现在社会，竞争激烈，并不是每个人都能找到称心如意的工作，甚至有很多人的工作跟自己所学的专业毫无联系。但是迫于生存的压力，人们不得不逼迫自己去做自己不喜欢或者不感兴趣的事业和工作。于是单调、乏味、毫无意义这些字眼纷纷从人们口中跳出，让很多人都备感痛苦。

有人做过统计，人的一生中，平均工作时间是 9.1 小时/天，超过 1/3，试想，假如你在工作中毫无热情、得过且过，那么除去睡觉休息的时间，你的生活中一大半时间就会显得索然无味。因此，快乐工作不仅关系到工作质量，还与生活质量息息相关。一定程度上讲，快乐工作等于快乐生活！但实际工作中，有一部分人却怎么都提不起精神与热情，日复一日，年复一年地被动完成工作，在枯燥重复中消磨时间。这是什么原因呢？原因是多方面的。

第一，要找准自己的定位。每一个人的兴趣和特长都是不一样的，我们应该根据自己会做什么、想做什么这些条件来选择自己的工作。如果只是盲目跟风，或者随波逐流混日子不仅不能培养自己的工作兴趣，更不会让自己心情舒畅。因此，二十几岁的年轻女孩"要实现自己的理想，享受自己在奋斗过程中的幸福和快乐，就要选择正确的道路"。

第二，要提高工作效率。现在很多年轻女孩在上班的时候总是拖拖拉拉，只是想方设法打发时间，整天就只盼着下班。于是手边的工作就越积越多，时间和精力也一点点消磨殆尽。当领导要求验收的时候，才突然觉得浑身上下都充满了压力，十分沉重。在这样的情况下，一般人都会变得烦躁不安、心情恶劣。所以，二十几岁的女孩要想在工作中感受到快乐，就必须改掉拖延的毛病，只有这样才能减少那些不快乐的事情。

第三，良好的人际关系和有效的学习能力是工作的保障。若把工作当做人生中的长途旅行，学习能力就是这个漫长征程中一个一个的加油驿站。我们说"一个篱笆三个桩，一个好汉三个帮"，而后者正决定了事业发展的前景和深度。

第四，要协调好工作与生活的关系。因为竞争压力大，很多人下班后要么在公司加班，要么把工作带回家，基本上没有其他的活动。要知道生活质量是会影响工作质量的，这两者之间的平衡是非常重要的。二十几岁的女孩一定要记住，我们不能一味地疯狂工作，也不能一味地好吃懒做。因为疯狂工作是在透支自己的精力，使身体容易变差，造成恶性循环；而好吃懒做是一种消极的生活状态，是任何一个投入生活的人所不耻的。

在最近一期的《天下达人秀》的节目中，有一位清洁工阿姨，她所表演的就是"玩转扫帚"。从她一出场，所有人就被她脸上快乐明亮的笑容给吸引了。她说的话也让人尤为深刻："我觉得不管做什么工作都是一样的，但是快乐却是可以创造的。我做过十来份工作，但是每一份工作我都是快乐的，不管做什么开开心心才最重要。"

的确如此，也许我们不能选择自己喜欢的工作，也许我们根本不想工作，但是现实却只能让我们这么做，所以，与其每天饱受痛苦，把工作当作一种折磨，还不如试着去喜欢自己的工作，从自己的工作中去挖掘快乐的元素，只要心情好了，工作起来也就不会感到无聊了。

其实生活中处处充满着乐趣，只是我们没有感受到罢了。快乐的工作即是快乐的生活，做自己喜欢的工作固然是一种快乐，但是喜欢自己的工作也是一种快乐。我们不妨让快乐成为工作的动力，在工作中享受快乐，让工作成为一种乐趣。不管是什么工作，只要你换一份心情，转换一下心态，就能够时时刻刻感受到快乐的存在。

2. 事业与家庭并无矛盾

不是说女强人就一定会有一场失败的婚姻、破碎的家庭。事业与家庭并不存在什么必然的矛盾，但如何平衡好事业与家庭的关系的确让很多女人感到头疼。当你要全心照顾好家庭的时候，往往会在事业上有所忽视，甚至要牺牲事业全职在家，成为全职太太；当你成为企业里的骨干、事业有成的时候，会发现自己与家庭产生了距离，对孩子和爱人缺少照顾。一个人的时间和精力总是那么有限。受到家庭的责任、自身身体状况和社会分工的要求，女性在平衡两者关系时，会受到更多的限制，处理好两者关系更为不易。

世界上没有绝对矛盾的东西，但我们习惯上将一些事情对立起来，比如家庭和事业，就好像问人家你要左手或者右手，毫无意义可言。事业与家庭并不存在取舍关系，事业成功与婚姻幸福并不是相互抵触的，关键要有平衡的智慧，而这种智慧只有我们在实践中摸索。

孙秀芳是 IT 女杰，当初她跳槽到康柏后，手下只有几个兵。可是在这种"劣势"下，她从容完成了康柏交给她的第一个任务——康柏与中软总公司共同合作开发中国第一个具有自主知识产权的高端企业级操作系统 COSIX 64 项目。这一软件的开发成功在 1999 年多事的 IT 界激起了不小的反响。业界媒体在报道及评论这一消息时，大量使用了"真正自主版权""开创国产高端操作系统新纪元"等鼓舞人心的用语。而孙秀芳本人也因此赢得了康柏总部的器重。

事业的成功并没有让她失去家庭的幸福。孙秀芳认为，作为一名女职业经理人必须懂得协调家庭和工作之间的矛盾，否则就有可能因此失去家庭的温暖。她的下属都羡慕她有个美满的家庭，但他们并不了解，即便要做一个贤妻良母，她也是付出巨大的努力的。

1996 年，IBM 要提升她到一个关键的岗位，但是她刚刚生完孩子，为了更好地照顾孩子，尽到母亲的责任，她选择了放弃晋升。而且为了不影响正常的工作，她通常在晚上把孩子哄睡了之后再赶到公司把工作处理完。曾是孙秀芳下属的 IBM 软件部王静还记得，当时她发给大家的 E—mail 的时间都是在夜深以后。

不过，随着职位的提高，她在家庭和事业之间平衡的技巧就越娴熟。说起这她几乎有点眉飞色舞起来。"有空闲的时间，我还喜欢自己做女工呢！"孙秀芳笑着说，在加拿大求学时，由于没钱买窗帘，她就自己动手做，所以到现在她还喜欢为孩子缝制衣服，教有兴趣的同事做发夹等小饰品。

对于现代女性来说，事业和家庭的矛盾往往是困扰她们的最大难

第 **19** 课 事业和家庭并无矛盾

题。虽然，我们并不能说事业与家庭之间是根本对立的，但是很多女人常常因为处理不好这两者之间的关系，而把自己的生活搞得一团糟。

其实鱼和熊掌并非不可兼得，只要你找到事业与家庭间的有效平衡点，你就能像一条鱼一样，在家庭与事业之间随性地徜徉。

家庭和事业并不是矛盾体，如果把事业与家庭比做两桶水，有的人觉得，只挑一桶水会省点儿劲，但是力学的原理告诉我们不会；而一只手拎一只水桶只会更累，还不如拿一根扁担挑，这两个水桶彼此间有一个平衡关系。但这两桶水并非一样多，很多时候一边半桶，一边是整桶。旅途上免不了有磕绊，包括男人同样如此，就算有水溢出，但只要找到平衡点，依然可以稳步前行。

事业与家庭没有矛盾，只是当矛盾出现时，我们慵懒地将其归为两者之间的冲突，以此作为借口放弃其中之一，或者成为宣泄的理由。

家庭与事业，这两者就像天平两端的砝码，有一头偏沉，天平就会失衡，工作和家庭都会受到影响。事实上，没有必要把工作与家庭截然分开，相反，可以把二者有机结合起来。只要找到两者之间的平衡点，就能做到事业有成、家庭幸福。

3. 既要事业，又要生活，在双重角色中做个好女人

当代职业妇女普遍面临社会角色和家庭角色的冲突，她们既要事业，又要生活，然而事业与生活有时是矛盾的，于是职业女性就出现了多重角色的困惑。

一位刚参加工作的女记者在谈及男性和女性的角色时说道："很多女性前辈们通常选择离开竞争激烈的要闻路线，换到比较轻松的路线，主要的原因就是能够'兼顾家庭'。有一些女同事，条件不错，

政治新闻敏感性也很强，但是她就是要离线，去跑一些消费等比较轻松而且可以兼顾家庭的路线。我觉得传统社会里面，还是男主外女主内，或者说大部分的家事还是女生来做。女生就是应该照顾小孩，或者说女孩子比较有母性的光辉，愿意为自己小孩奉献比较多，我觉得那是没有办法的事情。像我们报社很多男记者也有结婚，有小孩，但是就没有这样的问题！但是女孩子就会有这样的问题！"

对于男人们来说，事业家庭是可以两全的，但是如果成功的女性以男人的标准来要求自己，其结果往往是以牺牲婚姻、家庭为代价。因为女性走上社会之后，有了双重角色：职业角色与家庭角色。这两个角色有时相互限制，只顾一方必然会忽略另一方，这样就产生了角色冲突。但如果能调整好自己的角色，在演好职业角色的同时，也演好家庭角色，这个问题就解决了。

每个人其实都是多重的，不一定要做板块化的分割。其实并不是每个母亲都必须整日陪在儿女身边。我们只要快乐地做好自己，教给孩子什么是有价值的生活，不给孩子带来母爱的负担就足够了。

幸福不是一堆金子，而是一个点金术，关键是我们能否随时化腐朽为神奇，当一个有着多重角色的女人在这样一个变化的世界中，灵巧地跳来跳去的时候，会享受着角色的切换给她带来的真正快乐。

罗力彦是辽宁罗力彦律师事务所主任、一级律师，面对自己的双重角色，她说："我在 8 小时工作时间内讲求高效率，其他的时间都放在家庭。回家的第一件事就是让音乐充满房间的每个角落。"北京师范大学教授于丹与观众共享了罗力彦的幸福生活后说，多数女性认为事业与家庭是冲突的，但罗力彦却把生命角色与职业角色合二为一，把对生命的热爱融入对事业的热爱，因此她获得了更多的成功和幸福。

在事业和家庭的两端，女性都应该拥有自己的位置，失去任何一端，女性的形象都会失去和谐和光彩。"做人难，做女人难，做名女人更难"这句话曾一度成了很多成功女性诉说自己艰辛的常用语。而事实上，什么样的人都不容易。在家庭中，我们要做好母亲与妻子的角色，身兼保姆与家庭教师，给孩子充分的爱，还要不能把他宠坏，同时照顾好丈夫的饮食起居，要做好一位称职的家庭主妇，绝不比管理一家公司来得容易。

生命是短暂的，只有对事业和家庭生活同样重视的女人，才有可能走向事业和家庭兼顾的成功。成功就在点滴中，不需要豪言壮语，也不需要惊天壮举，只要我们用真情和汗水，努力地经营家庭，努力地工作，就一定能够成为一个家庭和事业双赢的成功女性。

第20课

总有一天你要学着做一个『智慧』妈妈

每个女孩都会有步入家庭一天，尤其是有了孩子以后，几乎所有的精力都要放在如何去保护、照顾孩子上，直到他们长大成人。而如何学做智慧妈妈，更是女孩以后必修的课程。

1. 关于孩子，赶早不赶晚

现代社会，女孩们结婚越来越晚，即使已经结婚，由于各种原因，关于孩子也是一拖再拖，不知不觉就成了高龄产妇，尤其是那些事业心比较强的女孩更是如此。据医学验证，女性在23～30岁之间是生育的最佳年龄段。这一时期女性全身发育完全成熟，卵子质量高，若怀胎生育，危险小，胎儿生长发育好，早产、畸形儿和痴呆儿的发生率最低。所以，年轻的女孩为了自己，为了孩子着想，应该趁着年轻有爱人的时候赶快生育。

有些女人对生育后返回职场如何调整心态存在担忧，这的确是个很重要的问题。随着社会的发展，我们需要学习的职业技巧和社会技巧越来越复杂。所以，我们实际上在社会角色的定位上，成熟得越来越晚了。

现在大学毕业生从心态上还觉得很像小孩子。但是你的生理年龄并没有同步地推迟。最佳的生育年龄还是在23岁到30岁之间，起码第一胎的生育年龄是这样的。等到职业也安定了，再找到相爱的人，首先这一点很不容易，然后再决定买房子，再思考是不是还应该有收入达到多少千块钱才能付得起孩子的奶粉钱、纸尿布的钱，当把这些都已经想好的时候，估计你已经三十多岁。如果一旦错过最佳生育时期，反而会让你担惊受怕，担心孩子会不会出现健康上的问题，因为超过最佳生育期后的弊端是医学已经告诉我们的。

有一些女人不愿意早生孩子，是因为担心没有能力抚养，无法给孩子最好的成长环境，想挣够钱再说。也有的女人是害怕在自己休产假的过程中被人取代了自己的位置。这些都是没有必要的担忧，有个健康活泼的孩子才是一个完美的家庭，而你的位置更加无可替代。

我们要摒弃金钱观，别舍不得现在高层的职业位置，担心因为生产而被人取代了，那只是一时，如果你也认为自己真的很容易被替代，你也该被替代，因此，我们必须建立起自信。

而且你生活中事业如此的长，你永远不会缺少这半年的时间。而你如果错过了你生育的最佳年龄，那真的是没有办法弥补的。

的确如此，早一点不管是对妈妈还是对孩子都是百利无害的。就拿明星来说，很多时候明星都是吃的青春饭，她们害怕自己结婚生子之后有损自己的形象，害怕自己没有过多的精力去照顾孩子。但是看看小S、张柏芝等人，在生了孩子之后更加容光焕发，甚至比以前更加有韵味。

当红歌手梁静茹虽然还没有结婚，但是谈到孩子也是一脸的憧憬："曾经给自己定下了30岁便结婚的目标，但随着年龄的增长想法也有所变化。不过，我35岁之前最好还是要完成婚姻大事、要生小孩的，因为我喜欢小孩子，他们很可爱。我要每天都唱歌给孩子听，哄他睡觉，带他去公园玩……想想都觉得开心。但是如果太晚生孩子的话，无论是对孩子还是我来说都是不好的。我希望自己的孩子是健康的，而且太晚生孩子的话，难免会跟孩子产生代沟，以后管教起来就会比较麻烦了。"

一位专家说："到什么年龄就该做什么事情，生宝宝也一样，虽然怀孕没有一个极限，但毕竟年龄大了还是有诸多不利因素，因此，建议女性30岁之前最好就把宝宝要了。"随着年龄的增大，女人各项健康指标都会渐渐下滑，而且晚育对孩子来说也是非常不好的。也许年轻的你现在有诸多的不便，但是如果你已经到了适合要小孩的年龄，就不要再有太多的顾虑，因为等你真正当了母亲之后，你就会发现，原来做妈妈是一件多么幸福的事情！

2. 无论多忙，都不要错过陪伴孩子成长的时间

现在的很多父母忙于自己的事业和工作，常常将孩子交给家里的老人照顾，他们总是会给孩子最好的物质生活，偶尔才见一次孩子却也是匆匆忙忙，错过了很多与孩子相处的时光。他们总说自己忙，面对孩子期盼的目光，很多父母还怪孩子不理解自己。

其实忙并不是一个很好的理由，孩子就像一张白纸，我们所给予的一切，决定着孩子以后的人生模式，千万不要错过陪伴孩子的每一段成长。每天无论多忙，都不要忘了回到家时抱抱孩子，亲亲他的小脸，拉拉他的小手，让他感觉到妈妈很爱他，他是妈妈快乐的源泉。在一个充满关爱，洋溢笑声的家庭中长大的孩子，他的心智一定是健全的，心灵一定是健康向上的。

杨澜很忙，可谓一个空中飞人，在这样的情况下，还能成为孩子钢琴学校里出勤率最高的家长之一，还能在儿子8岁之前陪着他游历了15个国家，真让人惊讶。如今的杨澜经常在北京、上海、香港三地飞来飞去，但为了多一点和孩子在一起的时间，每次出差，她都会安排儿子到机场接送。回到家中，杨澜即使再累再忙，都会抽出时间和孩子交流，专心致志地和他们说话，认真倾听他们说的每一件事，全身心地投入到他们的世界。

身为妈妈，我们不是万能的，但不能因此而忽略孩子。对我们觉得很小的一件事情，对孩子而言，则是寄托着全部的爱与信任，因此，半点马虎不得，更不能敷衍了事。

母亲在孩子的成长过程中最好不要缺席，这样不仅有助于孩子的身心健康，同时也能增加父母与子女的感情。孩子的事情即使再小，

做父母的也不能敷衍了事，否则会对孩子带来不可磨灭的影响。

一位妈妈去幼儿园接自己的双胞胎儿子，因为去得有点早，索性就到了教室门口。她以为孩子们看到她肯定会很高兴，可是看到的情景却是老大表情正常，老二却嘟着小嘴说："妈妈，我们都被老师批评了。"

这位妈妈赶紧问孩子们是怎么回事："为什么呀，是不认真听课吧！"老二十分生气地责备妈妈说："才不是呢，都怪你那天没让我们读完书，今天才被老师批评的。"哦，原来是这样，上周五晚上，孩子们完成了周末的作业就去看动画片了。这位妈妈想着是周末就没有管他们，到了十一点半才让他们去睡觉。没想到老二还很精神，非得从书包里拿出全部的书要读给妈妈听，她耐心地听完两本，时间也不早了，就对老二说："读得很好呀，太晚了，先睡觉吧，明天不上学，再继续读。"老二听后，又要求读完一本才睡觉。

结果第二天，这位妈妈和孩子们都忘了读书的事情，刚好今天被老师问到读书的情况，老二在老实交代"没读完"的情况下被老师批评。老二的批评让这位妈妈有了很深的感触。

孩子的点点滴滴，做妈妈的一定要认真对待，如果做家长的没有尽责而导致孩子被老师批评，一定会给孩子留下不好的影响，对孩子的身心都是不利的，而且敷衍式的教育是绝对会给孩子带来种种弊端的。

"小树易直也易弯"，年轻的妈妈们，你要认真对待孩子的每一件小事，相信在你的潜移默化之下，你的孩子一定会是最棒的！

3. 不紧张、不苛求，让孩子在现实中成长

父母对于孩子的成长操碎了心，尤其是到了孩子上学的年龄，总是想着让孩子上私立学校、报特长班、找家庭教师等。

现在的父母都是想方设法想让孩子出人头地，于是不管他们幼小的心灵是否能承受，甚至牺牲了他们快乐的童年。什么特长班、堆积如山的习题已经代替了洋娃娃和玩具车。其实想要把孩子打造成全才的苛求方式并不是对孩子最好的教育与方法，太过强求反而会适得其反。

格格是陈道明与杜宪的掌上明珠，格格很懂事，一向听妈妈的话，但对爸爸，她有时却挺有"反抗"精神。

格格10岁那年春节前的一个星期天，陈道明和杜宪约了一些朋友出去吃饭。那天下午，陈道明和女儿一直谈笑风生，玩得很开心。陈道明原先是不打算带格格去吃饭，但朋友们都说这大过年的，也该带孩子出去玩玩，别整天让孩子闷在家里。陈道明接受了这个建议。临走前，他拿起一本书，问格格："这个字怎么念？"格格玩得正高兴，调皮地躲开了，不回答爸爸的提问。"格格，过来！"陈道明说。"就不。"格格笑嘻嘻地回答。"靠墙站着去。"陈道明不知为啥，突然火了起来。见爸爸火了，格格不敢再调皮了，乖乖地靠墙而立，眼里已经是泪汪汪的了。为了惩罚，陈道明决定不带格格出去吃饭，让她待在家里和阿姨一起吃饭。

在去饭店的路上，杜宪低声对陈道明说："这就是你的不对了，孩子跟你玩，干啥当真？"陈道明说："我说话，她不听，这不能迁就。"在车上，朋友们一致对陈道明此举提出批评。陈道明回过头来一想，也觉着自己似乎是严过头了，让格格受委屈了，于是，车子掉

头，又去接格格。

格格见到爸爸来接她了，水汪汪的大眼睛一下就红了，扑进爸爸的怀里。瞬间，这父女俩好不亲热。"爸爸，对不起，我错了。"格格说。陈道明心头一软："不怪你，格格!"面对乖巧懂事的女儿，这位银幕上的硬汉子也愧疚地红了眼圈。

因为这件事，让陈道明明白了，"严父慈母"的教育方法是可以的，母亲牵挂得多一些，照顾得多一点；父亲原则性更强一些，在大的方面进行一些指导。同时，父爱可以严格，但不能"太严厉"，否则很可能会"过犹不及"，使一天天长大的女儿感觉不到父爱，反而还有可能记仇了。不只是影响亲情，更会使孩子对家长有逆反心理。所以从此后陈道明一改严父姿态，和女儿交起了朋友。

最好的教育方式就是像这样以心换心，只有当孩子真正地对父母敞开心扉，愿意和父母分享自己的时候，做父母的才能更好地对孩子进行教育。

孩子的成长具有独立选择权，而每个孩子终将选上不同的人生，父母片面地强求只是从自身角度出发，并没有考虑到孩子个人的想法与接受能力。我们不该将成年人的想法强加到孩子身上，许多时候，不必在意孩子的选择是否和自己一致，太刻意的父母可能会在孩子的教育问题上适得其反。

"顺其自然"的教育不会带来不好的结果，反而让孩子更加懂得自己需要什么，学会自己争取。年轻的妈妈们，不要再以自己的思想去为孩子铺就一条所谓的"成功道路"，你要做的是引导，而不是强加，更不要担心你的"放纵"会让孩子放任自我，因为孩子就是风筝，那根线始终都牵在你的手中，只要你方法得当，适时提醒，相信你的孩子一定会在自由的氛围中变得更加成熟。

4. 培养孩子好品性，完整人格很重要

在应试教育的激烈竞争下，很多家长都将孩子的学习抓得很紧，最注重的也是孩子的学习成绩，而往往忽略了对孩子的品性和完整人格的培养。学习成绩拔尖综合素质却不怎么好的孩子不在少数，但是在很多妈妈的眼中，只要学习成绩好，其他的什么都不再重要。

其实，作为一名母亲，最大的任务就是要培养孩子健康的人格和思维方式。语文、数学这些知识老师可以教会，但孩子如何面对挫折、如何面对忌妒、如何融入一个陌生的环境，这都需要母亲去教他。身心的健康是起码的，也是最关键的。让孩子可以没有障碍地和别人交流，对任何事情都以开朗活泼的态度处理，这种性格的培养对他一生都很重要。

腾腾正在沙丘上堆城堡，这时候有其他小朋友过来玩。本来大家玩得很开心，可突然有个小朋友跑到腾腾面前去摸他堆的城堡，腾腾出手就将那个小朋友推倒。那小朋友哭着去找妈妈，腾腾妈妈见对方家长前来评理，赶紧去哄对方的小孩说："乖，不哭哈！看看阿姨这里有糖，来你一颗，腾腾一颗，以后你们就是好朋友了。不如你们一起建一座大大的城堡让我们一起住进去，好不好?"那个小朋友虽停止不哭，但依然眼神戒备地看着腾腾，腾腾妈妈笑着对腾腾说："腾腾觉得好不好啊?"腾腾开心地去牵那小朋友的手，两个人一起在沙滩上玩得很开心。

后来，腾腾在学校做班长时懂得关心别人，因为他早就和妈妈讨论并达成共识：做班长就是要牺牲自己为大家服务。

表达能力的培养很重要，几乎是一个人能否成功的关键。因此，

我们要特别鼓励孩子们表达自己的意见，说出自己的想法。例如，带孩子去朋友家时，让孩子大大方方地介绍自己。即便是孩子生气时，也千方百计鼓励他们说出来。还有幽默感的培养，虽然做起来不太容易，但还是值得去努力。在家时，只要孩子们说了什么好玩幽默的话，我们不失时机地报以开心的大笑，同时给予回应和赞赏，孩子自会在这样正面的熏陶中建立起健全完善的人格。

贝贝经常看妈妈拿着钢笔在纸上画来画去，片刻就在一张纸上写满了东西。贝贝对那支握在妈妈手中的笔很感兴趣，一天，对妈妈说："妈妈，我也想用你的笔。"妈妈放下手中的笔问："你真的想用？"贝贝点头，妈妈继续问："你知道怎么用吗？妈妈手中的笔跟你用的彩笔可是不一样的哦。"贝贝想了想说："我可以学妈妈平时拿笔的姿势，不就会用了。"

妈妈又说："可如果你把妈妈的笔弄坏了，妈妈今天一天的工作就没办法完成，妈妈要受罚的，你说怎么办？"贝贝盯着那支笔眼里满是渴望，可妈妈的问题把他难住了，他左思右想，突然说："妈妈的笔坏了就用贝贝的，贝贝笔可多了。"妈妈摇摇头说："那是贝贝画画的笔，可妈妈手上的是钢笔，不一样可不行哦。"

贝贝急得直跺脚，妈妈反而静观贝贝一切行为，这时候，贝贝突然想起，爸爸也有一支这样的笔，对妈妈说："妈妈可以用爸爸的，爸爸也有一个。"妈妈半似妥协地说："那好吧，给你用，再给你一张纸，不过爸爸一会儿也要用的，如果你真的不小心弄坏了这个，你可得想想爸爸跟妈妈要怎么一起用一支笔哦。"贝贝兴奋地拿着钢笔左看右看，小心翼翼地在纸上画，唯恐真的弄坏了钢笔，因为他不知道怎么两个人用一支笔。

家庭教育的任务之一就是对孩子的情商和道德品质进行培养，从而让孩子更好地适应社会。现在的妈妈应该从多方面对孩子进行教育，不能光注重学习的成绩培养。一个智慧妈妈应该观察孩子的潜在能力和才华，她的任务是为孩子们打好基础。至于将来孩子做什么，妈妈是无法设计的。作为妈妈，我们首先要懂得科学地养育孩子，其次是让孩子有一个平衡的心态，要懂得与人沟通，还要自信、独立，一个有爱与关怀的家庭对于孩子的成长极为重要。

年轻的妈妈们，如果现在你还一门心思扑在孩子的成绩和特长的学习上，应该赶紧转换方式，因为孩子的品性和完整的人格在他将来踏入社会之后比优异的成绩要重要得多！

5. 做孩子心中快乐的天使，千万不要做一个抱怨妈妈

有个女孩要结婚了，母亲送给她一颗珍珠，然后告诉她珍珠的来历：沙子进入了牡蛎的壳内，牡蛎觉得很不舒服，但又无法把沙子吐出来。所以，它面临着两个选择，一个是抱怨，让自己不开心，沙子也不开心；另一个是同化，与沙子和平共处。聪明的牡蛎选择了后者，开始把它的养分挪出一部分，把沙子包起来。当沙子被裹上牡蛎的养分时，牡蛎觉得它就是自己的一部分了。后来，牡蛎给予沙子的养分越多，沙子就越来越成为牡蛎的精华，直至成为它生命中的珍珠。获得我们生命中闪光的珍珠，也需要我们有牡蛎一样的胸怀。

有些女人喜欢抱怨，怨社会不公，怨孩子不孝，怨男人不好……即使是爱也化作了无尽的唠叨，要知道这样一个抱怨妈妈，对孩子的杀伤力特别大。

有一个孩子，在学校时的功课差极了，老师说他的智力有问题。看上去，孩子的确有些沉默寡言。他可以一个人坐在屋前的花园里看着花草小虫很长时间。他的父亲教训他："除了打猎、养狗、捉老鼠以外，你什么都不操心，将来会有辱你自己，也会有辱整个家庭的。"

他的姐姐也看不起这个学习成绩平平、行为怪异的兄弟。他在家庭中是一个不受欢迎的人。

但是他的母亲爱他，她想如果孩子没有那些乐趣，不知道他的生活还会有什么色彩。她对丈夫说："你这样对他不公平，让他慢慢学会改变吧。"丈夫说："你这不是教育，你会毁了他的一生。"但她却固执己见，他是她的孩子，需要她的安慰和鼓励。

她支持孩子到花园中去，还让孩子的姐姐也去。母亲要了一个小花招，她对孩子和他的姐姐说："比一下吧，孩子，看谁从花瓣上先认出这是什么花？"孩子要比他的姐姐认得快，于是她就吻他一下。这对孩子来说，是多么令人兴奋的一件事，因为他回答出了姐姐无法回答的问题。他开始整天研究花园的植物、蝴蝶，甚至观察到了蝴蝶翅膀上的斑点的数量。

对于她的做法，她的丈夫觉得不可理喻，认为那些怜爱是无助无望的，除了暂时麻醉孩子之外，根本毫无益处。但是，就是这个醉心于花草之中的孩子，多年后成为了著名的生物学家，创立了著名的"进化论"。他就是达尔文。

培养自信心是帮助孩子取得成功的首要一环。每当孩子取得一个小小的进步时，父母应不失时机地予以鼓励和表扬，使孩子坚信自己有能力。现实生活中，如果孩子的表现如同达尔文一样，相信绝大多数的妈妈都不会像达尔文的妈妈一样去鼓励自己的孩子，她们只会选择抱怨，抱怨自己的孩子没出息，抱怨自己命运不好，甚至会抱怨老天为什么给了她这样一个孩子。

小可的爸爸给4岁的儿子买了个遥控玩具车，小家伙很喜欢，不过，有些心急，对遥控的掌握也不大好。玩着玩着，小家伙有些泄气了，发脾气说"这个车不好玩"，后来还把这个车摔坏了。爸爸刚想说话，妈妈提前发言了，讨好儿子说："爸爸买的东西就是这样的，妈妈的这种做法完全是错误的，这样长期下去的话，会让孩子养成很多坏习惯，并且会养成我行我素的性格，等他长大后他要做什么事你干预不了，不管对与错，只要他想做他就会去做，这样很不利于孩子的成长。

让孩子健康成长的方法就是让孩子发自内心地快乐，而帮助孩子找到持久快乐的最佳方法之一就是做父母的自己生活得快乐，而不是整天在孩子耳边抱怨。因为父母是孩子的第一任教师，父母的言行举止，包括思想都将直接影响孩子的思维。如果一个孩子整天都生活在一个抱怨的环境中，那么他就会不知不觉沾染上这种恶习。所以，千万不要做一个抱怨的妈妈，作为孩子的榜样，妈妈应该朝积极乐观的方向去引导孩子的成长，只有这样，你才能看到一个思想和言行都很健康的孩子。

6. 经济攀比对孩子最有毒害性

随着经济发展，人们的生活发生了巨大的变化，但不可否认的是，每个家庭间的生活状况还存在许多差别。于是很多孩子在不知不觉中就产生了攀比之风，穿着、消费等方面的差异使一些孩子的虚荣心受到了伤害，如果父母不加以教育和管制，很有可能会对孩子产生非常恶劣的影响。

小鹏快要过生日了，这天，一回家就冲妈妈喊："妈妈，您打算怎么给我过生日啊？我们同学过生日的时候，就看谁最气派，花钱最多，请的朋友最多，去的饭店最好。"妈妈听了小鹏的话稍微有点不快，但还是耐心地问："孩子，你想要什么礼物啊？"小鹏说："现在很多同学家里都有电脑，大家没事就经常在一起比赛，看谁的电脑玩技高，谁的电子游戏得分高。还比谁懂的网络知识多，谁认识的网友多。我们班里很多同学会上网，大家经常交流谁知道更多更好的网站，我一句也插不进去。要不这样，您今年就不用请我们同学去饭店吃饭了，给我买个电脑吧，妈妈！"妈妈："孩子，你渴望接受新生事物的心情妈妈很欣赏，电脑也不是不可以买。但如果你只是想跟同学攀比，看谁家有钱，妈妈坚决不答应。"

其实，孩子都爱攀比。比什么和家长的引导有很大的关系，一些父母一方面反对自己的孩子攀比，一方面自己却攀来比去，这会给孩子带来不良影响。身为家长，该如何应对孩子的攀比心呢？

第一，改变攀比兴奋点。孩子有攀比的心理，说明孩子的内心有竞争的倾向或意识，想达到别人同样的水平或超越别人。父母就要抓住孩子这种上进心理，改变孩子攀比吃穿、消费的倾向，引导孩子在学习、才能、毅力、良好习惯方面进行攀比。比如当孩子埋怨老师经常表扬某同学时，父母可以和孩子一起研究，列出这个同学的优点，让孩子暗中努力和同学比一比，看能否超过他。又比如当孩子和同学比穿着时，父母可以从穿着整洁美、颜色的搭配美等方面去改变攀比兴奋点。

第二，引导孩子纵向攀比。不妨多鼓励孩子自己和自己比。例如，让孩子今天和昨天比，这个月和上个月比，本学期和上一学期比。在特殊的攀比中，孩子会经常看到自己的进步，原来不会的拼音现在都会了，原来不认识的字现在都认识了，原来不懂的道理渐渐地懂了。这些都可以让孩子获得进步，自信心也会增强，并在欣赏自己的过程中努力超越他人。

第三，尝试采用"反攀比"。孩子们在攀比的时候，最典型的理论就是"别人都有，所以我也应该有"。因此，别人买了新书包，我也应该有；别人买了名牌服装，我也应该有；别人有了新式玩具，我更应该有。这时，无论父母如何解释，因为孩子的心理和行为往往受情绪控制，缺乏理智，不能理解人的需要的满足是受一定条件限制的，因此很难一下说服。对付这样的孩子，比较快速生效的办法是进行反攀比。比如，用孩子的长处去比别人的短处，用孩子进步的一面比别人退步的一面，用孩子有的东西比别人没有的东西，等等。

其实，孩子与别人攀比，说明孩子当时的心理有竞争倾向，想达到别人同样的水平或超越别人，但如果只是单纯的经济攀比，对孩子具有严重的毒害性。如果妈妈能抓住这种心理，让孩子在学习、才能、意志力、良好行为等方面进行攀比，正确引导孩子发奋努力，勇于赶超，将有助于孩子的心理发展。

第21课

知性才女也要做财女

在如今这个理财时代，我们不但要做自信才女，也要争做『财女』。因为只有当你学会理财，你才能真正经济独立，经济独立的女人才能更好地掌控自己的生活。

1. 女孩到了 20 几岁，就要开始学理财了

二十几岁的女孩子理财意识总是比较淡泊，她们往往刚参加工作，薪水低，但花销却大，工资总是撑不到月底。所以其中绝大部分还未来得及享受自己养活自己的快乐，就已经被推到了生存的边界线。也许这时你会说，收入本来就勉强维持生计，除去开支所剩无几，根本就无财可理，可是你可能忽略了一个重要方面，就是理财不但要开源，也要节流。钱少的人更需要合理地安排和规划自己的支出，花好每一块钱，增加自己的投资知识，尽量获得高回报率，使自己的财富增值。最首要的，就是要为理财设定一个具体规划的流程。

1. 投资规划

投资是指投资者运用自己拥有的资本，用来购买实物资产或者金融资产，或者取得这些资产的权利，目的是在一定时期内获得资产增值和一定的收入预期。

我们一般把投资分为实物投资和金融投资。实物投资一般包括对有形资产，例如土地、机器、厂房等的投资。金融投资包括对各种金融工具，例如股票、固定收益证券、金融信托、基金产品、黄金、外汇和金融衍生品等的投资。

理财专家认为，在家庭资产配置方面，目前比较流行的是理财"4321 定律"。即家庭资产合理配置比例是，家庭收入的 40％用于供房及其他方面投资，30％用于家庭生活开支，20％用于银行存款以备应急之需，10％用于保险。

2. 居住规划

衣食住行是人最基本的四大需要，其中"住"是投入最大、周期

最长的一项投资。房子给人一种稳定的感觉，有了自己的房子，才感觉自己在社会上真正有了一个属于自己的家。买房子是人生的一件大事，很多人辛苦一辈子就是为了拥有一套自己的房子，但是买房前首期的资金筹备与买房后贷款偿还的负担，对于家庭的现金流量及其以后的生活水平的影响可以延长到十几甚至几十年，因此要仔细规划，尽量减轻住房贷款对自己的压力。

作为一种长期、全面的人生规划，理财是会随着人生不同阶段的变化而不断地发生改变的。而每一阶段的理财目标都不外乎是在当前的资产状况、收入水平、家庭情况及社会发展的前提下，为的就是做好各方面的保障，以此来保证我们每一段的人生都能有一个稳定的生活质量，老而无忧，从而达到创造财富、保存财富与增值财富的人生目标。

理财不是理"一时"之财，而是理"一世"之财，它是每个人都需要做的事，因为我们的一生都跟财富有关！如果你还没有羽化成不食人间烟火的仙女，那就别跟自己的"财运"过不去，让自己拥有美丽的财富人生是你不可推卸的责任！

如果不想被束缚去做自己不喜欢的事，最好的办法就是让自己"不差钱"。想要不差钱，就要学会理财。想要成为一个成功的"财女"，就要从现在开始拿起理财的武器，通过对收入、消费、存储、投资以及财富心态的学习和掌握，合理安排自己的收入、完成财富的积累，为轻松、自在、无忧的人生打下坚实的基础！摆脱"月光"，不要"穷忙"，不为追求金钱所累，不被财富匮乏束缚，让自己活得更轻松、更惬意、更洒脱、更时尚、更有品质，这是理财的艺术，也是人生的义务！

2. 女孩要经济独立，这关系到一个人的尊严

有些女孩想要找个有钱人嫁了，免费的餐券的确人人爱，但这张

餐券真的保险吗？在摒掉人生理想与抱负的前提下，为了钱财而付出一生的幸福，这样的人生与尊严已划分界限。

雅姿在念大学时，是学校的传奇人物，她不仅长得漂亮，而且多才多艺，无论是歌唱、舞蹈还是美术、运动，她都有着超凡的天赋。所有人都觉得她的前途一片光明。但是毕业后她把人生的希望都放在寻找多金男友上，指望因此过上天天可以用鱼翅漱口，自己奶油桂花手一指，统统都可以包起来、由老公埋单的生活，所以她坚持"不进修主妇课程，不做家事，不煮饭"。

雅姿对白马王子的要求很高，但幸运之神却一直没有眷顾她。一般的男性在认识不久后，总是没缘分地打了退堂鼓。她寻寻觅觅直到而立之年，才交到一位在证券交易所任要职的男友。神仙眷侣般的生活过了不到半年，男友便开始质疑她为何整天在家不工作，也不做家事，两人开始时有争执。

雅姿因为把全部的希望都寄托在男友身上，因此一点钱都没有存下来，同时，因为两人的感情基础并不稳固，男友又开始和年轻的女性交往。眼角处已有细小皱纹、脸上肌肤的弹性也大不如前的她，还不愿意接受这样的现实，依旧希望能寻找到她的"救世主"，令人十分惋惜。

女人应该拥有自己的事业，用自己的双手赚钱。不能把所有的希望都寄托在男人身上，那样过得根本就一点也不开心，一点也不会快乐。做女人不是应该活得精彩一点、潇洒一点吗？

女人想找一个有钱的男人做老公当然无可厚非，许多人也曾说："女人找老公，就是为了一张长期饭票。"却不知，寻找长期饭票，也有财务风险，除了要考虑饭票的"有效期限"之外，你也要承受靠外表吸引异性的"折旧"风险。许多年轻女性就曾经以为自己找了个大款，可是到婚后才发现，自己找到的却是个贷款。

陈燕妮是一个事业有成的女人，她的第一本书《告诉你一个真美国》受到读者的热烈欢迎。随后几本讲述华人在美创业以及华人回国经历的书一经面市，就成了当季的畅销书。后来，她创办了《美洲文汇周刊》，自己担任总裁。

她认为一个女人首先应该独立的，有了成功事业的女人才会有充足的自信体现出来气质的优雅，而且这种自信比年轻美貌的自信来得更有理由。

有一次记者采访她的时候，问："听说在美国有很多全职太太，她们的生活全部围绕着家庭，相对简单而少有压力，你有没有想过这样简单的生活呢？"

"没有，从来没有。"陈燕妮坚决地摇头，"我无法想象向别人伸手要生活费的滋味。我曾经因为工作的转换而在家待了几个月，那段时间太可怕了。除了老公以外，精神没有任何依托整天在家无所事事。到后来看老公都有点儿小心翼翼的，现在想想挺可笑。美国的报刊竞争很激烈，我做的事情等于是在和美国的男人们抢饭碗，但我宁愿在社会上拼搏，争夺自己的天空，也不愿整天在家洗衣做饭，等老公回家。"

可以说，依附于男人经济的女人永远没有独立的可能，只有在经济上独立了，想买衣服和化妆品的时候，可以自信地掏自己的腰包，不用在支配金钱的时候小心翼翼地去征求对方的意见，也不用在给他买礼物的时候还得向他要钱。只有花自己劳动换来的金钱，才能理直气壮，才能心安理得。

拥有独立的经济来源，通过自我劳动获得报酬的过程是快乐的，看到心爱的东西可以不用考虑任何人的阻扰获得，花自己的钱不用向任何人求证，不会受制于任何人，不用讨好丈夫甚至委屈自己换取物质的富足，不用像寄生虫一样死死寄生在男人身上，而后怕他突然离

第21课 知性才女也要做财女

去。

同时，经济独立，也证明了女孩内心的强大与睿智和勤奋，会得到男人的尊重与青睐，毕竟现在有本事的女孩更受男人的追捧。放眼周围，还有哪个女人甘愿去做寄生虫。

所以，二十几岁的女人一定要改变寻找"长期饭票"的观念，"靠山山倒，靠人人跑，只有靠自己最好"。只有好好管理自己的财富，在经济上独立了，才会在生活中获得心理上的安宁。

3. 不管现在你的收入有多少，都要开始积累财富

二十几岁的女孩，不要认为明天有挣不完的钱，而把今天的钱花在不应该花的地方。就算现在你有人人垂涎的收入，也要为你的明天打算着，未来的生活将由你今天的选择而决定，没有计划的未来是可怕的。

趁现在还年轻，就着手为自己的未来做准备吧，就像秋天的时候，就要准备好过冬的粮食，那样才不会在冬天来临的时候，在饥寒交迫中痛不欲生。二十几岁学会理财，它与你后半生的幸福息息相关。

美国的女富豪尤拉·莱蒂里跟随父亲，从16岁开始闯荡商界，是世界闻名的女强人。她成功的基础，就是她16岁时开始养成的存款习惯。

在尤拉·莱蒂里最开始工作时，也只是在一家大公司当秘书。而且尤拉·莱蒂里当时虽然收入不多，月薪只有50美元，可她仍然把大部分钱积蓄起来，为日后的投资做准备。两年后，尤拉·莱蒂里小有积蓄，便开始做粮食和副食品的投机生意，成为一个小有资本的年轻女商人。这时她仍然保持着储蓄的习惯，她还要积攒更多的资本，

为今后的大投资做准备。

后来，在钢铁业掀起热潮时，尤拉·莱蒂里认为机会来了。她凭靠长期积蓄的财力，在一家老式钢铁厂拍卖时，不惜重金，每次叫价都比对手高，最终获得了这家钢铁厂的产权。这就是尤拉·莱蒂里以前积累下来的积蓄所发挥的作用，这也成为了她日后登上商界顶峰的起点。10 年后，尤拉·莱蒂里成为了美国名人榜上屈指可数的女富豪。

《女人要有钱》一书的作者茱蒂·瑞斯尼克说，女人应该尽早开始投资和储蓄，起步越早成功的机会越大，越年轻开始充实，这方面的常识越有利，在能力范围内牺牲物质享受，学习精打细算，为未来做准备，不要甘于贫穷，才能拥有真正的自由，当然，绝对不可为了金钱而不择手段。

女性不一定要把财富作为追求的目标，可女人一旦具有财富规划的观念，摒弃女性在创业时更容易出现的患得患失，像男性一样有开拓勇气，同时协调能力很强，这样的女人便容易获得财富上的成功。

高职毕业的中国台湾名女人何丽玲，曾经在一次访谈中说："我很小就明白，美貌和理财是女人一生最重要的事。"她提到她的祖母告诉她："女人读书成绩差一点没关系，但是一定要懂得理财。"她在 8 岁时，祖母就开始训练她理财观，丢给她一本账簿，教她如何记账，账本里有两百多个互助会名单，这个国小二年级的小女生，开始跨出理财的第一步。

何丽玲也说过一句发人深省的话："女人能年轻多久？可以无忧无虑多久？身为依赖成习的女性，有时候我们该思考，如果有一天发生意外状况，我有没有能力自给自足？总有一天我们必须靠自己想办法过日子，只有自己才能保障自己的未来。"所以，二十几岁的女孩为了自己美好的明天，就要从现在开始学会投资，但是投资也不能太过盲目，首先要学会一些关于投资方面的知识。四川经济管理学院工

第 *21* 课 知性才女也要做财女

商管理系陈教授认为，女孩投资理财应从以下几方面下工夫：

一、像关心自己的容颜一样关心自己的钱。对自己要有信心，相信自己的投资能力。

二、明确自己的需要，制订理财计划。先评估一下自己承受风险的能力，具体写下自己在短中长期的阶段性理财目标。

三、学习投资知识，避免盲从盲信。许多女孩总认为投资很深奥，觉得自己没办法弄懂，所以就懒得投入心力。这样回避的心理是不对的，投资并非是一件很困难的事，也不需要太专业、深奥的经济学知识。只要花上一段时间潜心学习，这些知识与经验都将伴随你一辈子，并帮你积累你需要的财富。

四、刚踏入社会的年轻女孩精力旺盛，这时可以尝试学习许多新事物、新思想。对理财投资要有初步了解，并开始摸索投资的步骤和规律。这个时期可承担较高的风险，在理财上可以比较积极。例如放较高比例在与股票相关的投资上，毕竟此时可学到的经验最宝贵。

4. 会花钱的女孩才更会赚钱

现今的女孩子倒是很会为自己打算，趁没嫁人之前好好享受自由的时光，想吃什么买什么，想要什么添什么，想去哪里玩就去哪里玩，结了婚，有了婆家可就没这么自由了。因此，钱像流水一样哗啦啦地止不停。

也有些女孩为了满足虚荣心，看到她人打扮得花枝招展，自己可不甘心被比下去。纵使工资不算太高，遇到哪个商场打折或促销，便在一群疯狂的购物女中来回穿梭，贪图便宜买下一大堆需要或不需的东西。有时为了犒劳自己，半个月一顿的大餐，大大奢侈一回也不为过。乱花钱的女人永远不会在挣钱上苦苦思考，只会将心思放在那些无用的东西上。

相反真正会花钱的人更会赚钱。虽然这句话听起来可能有些矛盾，但我们经常看到会花钱的人更有钱。这里的"会花钱"不是指没有想法地乱花钱，而是指花相同的钱，能够体会到更大的满足感。

季莎大学毕业后开了一家房地产公司，她没有任何关系、不认识媒体，但两个月公司的业务就蹿上前三位置，她的诀窍是把最大的扣点给业务人员和同行，于是所有人都为她工作，业务暴增，奠定了她的基础。有了话语权，再去和媒体开条件，她就赚大钱了。

季莎所有的生意几乎都是从花钱开始，以赚钱结束的。唯一的一次失误是因为她在一个山区接了一个工程，结果那年很多建材价格都呈暴涨的形势，她一分钱也没有赚到，而且还亏损不小。但是离开的时候她还是在偏远的山村建了一所学校，当地的人民十分感动。虽然这次没有赚到钱，但是她的这一举动为后来的生意奠定了良好的基础。她说："钱是长脚的，你要让它跑出去，它才会给你带来更多的同伴来。"

其实，从故事中不难发现，对个人也好、企业也好，花钱的能力比赚钱的能力更重要。生活中，我们经常听到很多女孩感叹，为什么自己赚两千块的时候是月光族，但是工资涨到了五千还是月光族。可是看着与自己拿着同样的五千块的人，人家的日子却过得有滋有味，自己为什么总是不够花。

其实现在我们要做的不是抱怨自己的收入低，这个时候你应该考虑学会如何花钱。要知道，含着金汤匙出生的富家女毕竟在少数，大多数的平凡人还是要靠自己的计划和积累。与其常常抱怨，还不如找出问题的症结所在。

现在很多年轻女孩最喜欢做的几件事就是经常和朋友煲电话粥；有事没事就喜欢往商场跑，甚至心情不好的时候会用疯狂购物来发泄，直到钱包空空才罢手；不喜欢拥挤的公交车，动不动就打的……

这些问题对于二十几岁的女孩来说都是要不得的坏毛病，也许有很多年轻人会反驳，说二十几岁的年龄正是疯狂玩耍的年纪，此时不玩更待何时？如果你现在还拥有这种想法，那你千万得注意，现在毫无顾忌，等你到了30岁的时候，你就要开始愁眉不展了，因为你现在的疯狂会将你的存款一点点"蚕食殆尽"。

那么会花才会赚指的到底是怎样花呢？通俗一点说，就是用等额的现金获取更高额的回报。有时候，同样是消费500元，带给一个人的满足感却是不一样的。

金晨平日很节俭，但是她对于买鞋子却情有独钟。其他的服饰，她经常是买打折品，但是，鞋子她绝对选择正品，俗话说得好，脚上没鞋穷半截。一双好的鞋子确实提高了她身上其他物品的身价。为了买到更好的鞋子，她努力赚钱攒钱。这一小小的追求让她的生活充实又充满乐趣。

一个人是否会赚钱的确很重要，但是远远没有会花钱更加重要，因为，这世上真正能够赚大钱的人，永远都只会是寥寥无几的少数人群。所以，与其每天挖空心思地想着怎样赚大钱，还不如实际一点回归本位，想着如何打理好手头可以供自己支配的钱。

能赚钱是标，会花钱才是本。会花钱，比会赚钱更重要。真正有钱的女人，不是占有金钱的女人，而是会花钱的女人，不仅让自己享受到了生活，还能存下一笔不小的财富。所以，二十几岁的女孩不要一心只扑在挣钱上，然后将挣下的钱全部积攒起来，只有肯花钱，你才会有更多的动力去挣钱！

第22课

乐观——永不枯竭的生命动力

每个女人都希望年轻和美丽能够停留更久一些，其实乐观便是最好的良药。它不仅美化了心灵，提升了气韵，而且还能使你青春常驻，是我们永不枯竭的生命动力。

1. 幸福和成功都属于乐观的女孩

　　心理学家研究发现，在让人幸福的因素当中，乐观是很重要的一项特质。然而很多20几岁的年轻女孩却像极了言情小说中的女主角，动不动就以悲观形象示人，失恋了就觉得仿佛天都塌了下来，觉得生活中充满了阴霾；工作上不顺心了，就觉得全世界都与你为敌，仿佛周遭都是同事的冷眼，没有人愿意站在自己的一边……

　　这些困难对于女人来说逃过去了就是福，扛不过去便是劫。其实，当你面对人生道路上的重重阻碍时，关键在于自己的心态是如何应对的，成功也许就在你嘴角上扬的那一刹那，为你停留。

　　身为某服装品牌著名设计师的爱丽在接受记者采访时，曾被问道："你认为成功的关键在于什么？"爱丽回答道："乐观的心态。"原来，当时刚刚工作了没两年的爱丽迎来了她事业上的第一个挫折——公司裁员。而名单中就有爱丽和同办公室的琳达。按规定一个月之后她们必须离岗，当时她俩的眼圈都红红的。

　　但爱丽很快调整了心态，在裁员名单公布后，她虽然哭了一晚上，但第二天一上班，她仍然和以往一样积极主动地和同事打招呼。这让身边的同事也都颇为惊讶，一个即将失去工作的人，怎么还能这么乐观？由于大伙不好意思再吩咐她做什么，所以她便主动向大家揽活。面对大家同情和惋惜的目光，她总是笑笑说："是福跑不了，是祸躲不过，反正已经这样了，不如干好最后一个月，以后想干恐怕都没机会了。"

　　再看看同样要被解雇的琳达，无精打采像一朵要枯萎的花，她声泪俱下的样子，既让人同情，又让人不知该怎样劝慰她。就这样，到了年底，爱丽的设计图纸完成得非常圆满，色彩艳丽很符合时下的主题，而琳达则勉勉强强交上了一副令人不满意的答卷。

一个月后，琳达如期下岗，而爱丽却被从裁员名单中删除，留了下来。

女人拥有乐观的心态会让你离成功越来越近，不要一遇到困难和挫折就总觉得自己是不幸运的，"塞翁失马，焉知非福"，只要能够抬头看到阳光就是幸运的，那些生活里的挫折比起一个人的人生只不过是一个再小不过的插曲，千万不要让你的情绪把它无限放大，遮住了你看向前方的眼睛。

心理学家曾经告诉我们，以为自己处于某种状态，并相应地为之，这种态度就越发明显。就好比有些小孩本来只是有点难过，但一哭起来，就越哭越伤心了，就是这个道理。当你认为自己不行，离成功好远，那么你就真的不会成功，而如果你相信自己终将会取得成功，那它就会在不远处向你招手。

在这个世界上，有许多事情是我们难以预料的，我们不能控制机遇，却可以掌握自己；我们无法预知未来，却可以把握现在；我们不知道自己的生命有多长，却可以安排眼前的生活；我们左右不了变化、无常的天气，却可以调整自己的心情。只要我们每天都保持一个乐观而积极的心态，那我们的人生就一定不会失色。

女人要想成功，就该积极一点，别被困难打倒。想成功的人都是乐观的人，悲观永远都是成功的阻碍，只有积极向上的情操才会让生活变得美好。相信明天一定比今天会好，只要你努力了，社会一定是公平的。不要抱怨生活，面对困难，请记住一句话，叫做"办法总比困难多"。

只有乐观的女人才不会像花一样枯萎，悲观情绪永远是加速生命衰败的催化剂，一个女人连生机都谈不上了，又何谈成功呢？收起你的多愁善感吧，只要你微笑着面对前方，成功就在离你不远的地方，那里将会有大片的阳光。

2. 你对生活微笑，生活就会对你微笑

有人说"生活是一面镜子，你对它愁眉苦脸，它也会对你愁眉苦脸。你对它微笑，它也会对你微笑。"如果我们整日愁眉苦脸地生活，伤心、难过、哀痛，等等，我们慢慢地对生活失去了兴趣。但如果我们爽朗乐观地看待生活，生活一定会回报以温暖人心的灿烂阳光。

生活的际遇就是如此，它带给我们的不只是顺利，还有挫折和苦难。现实生活中的很多女人在遭遇困境的时候总是选择抱怨或者以消极悲观的心态去对待，仿佛自己的世界再无阳光。其实有时候，只要我们稍稍转换一下角度，用乐观的眼光去对待，你就会发现，要跨过苦难这座桥其实没那么困难。

有一位女孩，因为工作的需要被分配到一个偏远的山村里教书。她觉得不公平但又无法改变现实，于是，她很消极，给孩子们讲课时总是心不在焉，有时还觉得这些孩子脏、笨、让人讨厌。

这一天，下着蒙蒙细雨，灰色的天空加剧了她灰色的心情。这一节是地理课，可她一看到地图上的首都，失落感马上袭来，上课的心情一点都没有了。

于是，她看着地图，为了打发这45分钟，她想到了一个自认为很绝妙的办法。她让每个学生把那页地图撕下来，然后把它撕成碎片，放在桌面上。这时，她说："好，同学们，我们现在来个比赛。请把你桌上这个地图再拼合起来。看看谁最快！"

她很为自己的这个想法得意，想一张复杂的世界地图要拼起来，至少也需要半个多小时。布置完了任务，她就又走到窗口，一个人对

着雨天发呆。

可是，还没过5分钟，就有一位男同学站起来说他拼好了。年轻的教师非常惊愕，以为他在撒谎，就走到他的课桌前检查，那张地图的确完美地在课桌上摆着，丝毫无误。年轻的教师问这个同学怎么能如此之快地拼好了一幅地图。

"啊，"那个小男孩说，"这很容易。这幅地图的另一面是一个人的肖像。我把这个人的肖像拼到一起，然后再把它翻过来。我想，如果这个人是正确的，那么，这个世界也就是正确的。"

"如果一个人是正确的，他的世界也就会是正确的。"这句话使得这个年轻的老师陷入了深思。她似乎一下子明白了许多道理。从此，她尽心尽职地教育着孩子们，并在这里扎下根来，为祖国输送了一批又一批优秀的人才。

一位伟人说："要么你去驾驭生命，要么是生命驾驭你。你的心态决定谁是坐骑，谁是骑师。"积极乐观的心态是女人家庭幸福、事业成功的根本，是女人绽开笑靥与展现风姿的源泉，它不仅让女人快乐一生，更能让女人幸福一生。

世间许多事情本身并无所谓好坏，全在于你怎么看。很多时候，我们之所以感到生活枯燥乏味，是因为我们的心态是枯燥乏味的。如果想使生活变得有滋有味，就要改变心态，变消极心态为积极心态。只有这样，我们才能改变自己的生活。

马克思说："一种美好的心情，比千服良药更能解除生理上的疲惫和痛楚。"法国女小说家乔治·桑说："心情愉快是肉体和精神上的最佳卫生法。"想过怎样的生活，完全是你选择的结果。一件美好的事，如果你以消极的眼光去看待，它也无法让你高兴起来；一件不顺的事，如果你以积极的态度去应对，那你的生活同样可以充满阳光。

积极的心态是成功的起点，是生命的阳光和雨露；消极的心态是失败的源泉，是生命的慢性杀手。你是个活在消极心态阴影里的女人

第22课 乐观——永不枯竭的生命动力

吗？那么，赶快从这种心态里解脱出来，以积极的心态面对人生。像德国人所说的那样：即使世界明天毁灭，我也要在今天种下我的葡萄树。积极乐观的心态是女人生命盛开的鲜花，是女人灵魂成熟的果实。女人只有在心中播种美好和希望，珍惜和掌握自己的命运，生命的旅程才会一路欢歌。

3. 知足即能常乐

我们常常听到女人抱怨世界的不公平，她们总是羡慕人家长得漂亮嫁得好，看到人家的洋楼别墅便长吁短叹，总觉得所有人都比她幸福快乐，完全看不到自己所拥有的珍贵。这个世界本来就不是绝对公平的，所以我们不要总是把眼光放在自己不满意的地方，应该学会知足，珍惜现在拥有的一切。

有一个人对自己悲惨坎坷的命运深感悲哀，无奈之下，他只能祈求上帝能够改变自己的命运。上帝对他说："如果你能够在人世间找到一位对自己的命运心满意足的人，我将为你改变命运。"于是，此人开始了漫长的寻找之旅。在这个人看来，这样的人有很多，很容易就可以找到。

他首先找到了他认为最应该满足的人——国君。他来到皇宫，询问国君是否对自己的命运满意，国君叹息说："我虽贵为国君，却日夜提心吊胆，寝食难安。我担心自己的王位能否长久，担心国家能否长治久安。事实上，我还没有一个流浪汉过得快活。"那人听了国君的话，也不免困惑，于是他又找到了流浪汉。远远地看过去，在晒着太阳的流浪汉是那么满足，那人觉得自己找对了人，于是上前询问。流浪汉奇怪地望着他说："你开什么玩笑？我每天过着食不果腹、衣不蔽体的生活，怎么可能对命运满意，其实我们每天都在诅咒上天的不公。"

那人还是不甘心，他走遍了很多地方，询问了处在各个阶层、从事不同行业的人，可是每个人都说自己对命运不满意，人人都对自己的现有生活有所抱怨。最终，这人有所感悟，从此不再抱怨自己的生活。这个时候，上帝出现了，"你现在是否还觉得自己的生活很悲惨？"那人摇摇头说："不，我现在才明白，每个人的生活都有不尽如人意的地方，以前是我太苛责生活，才会觉得生活很不容易，其实，在我的生活中有很多令我满意的事情，我现在很满足。"上帝笑笑说："看吧，你的命运已经在改变了。"

上至帝王将相，下至平民百姓，每个人的人生中都有自己的精彩，也都有自己的遗憾。我们所能看到的总是别人人生中最精彩的一部分，而看到自己的总是最遗憾的那一部分。因此，在我们的眼中，自己的人生总是有那么多的不幸。这样下去，我们的人生将失去色彩。没有人能够帮助我们，唯有改变自己的看法，用心去感知自己的幸福，才能拥有精彩的人生。

人的欲望无止境，当你得到一样，你的目光会随之转向另一个目标，获取时你是快乐的，但同时你的欲望会悄悄作祟，让你从这次的得到中窥探下一次更大的事物。快乐很快消失，忧虑、不满、抱怨、愤怒随之而来，愈演愈烈。

有位妇人总是抱怨丈夫无能，整个家就靠那一亩三分地过活，上帝听她不断地埋怨，就对她说："清早你从这里往外跑，每到一段距离你就插一根旗杆。只要你在太阳落山前赶回来，插上旗杆的地都归你。"那妇人听完撒腿就跑，太阳偏西了还是不停。太阳落山前她跑回来了，但已精疲力竭，摔个跟头就再没起来。路人看到挖了个坑就地埋了她。上帝站在那妇人的坟前叹道："一个人要的土地就只有这么大！"

有一首诗歌："我们总是在走，却忘记了停留。高岗上的小丘，可是为我预留的坟墓？"为了得到我们想要的，而无法止步歇脚。

人生苦短，当我们垂暮之年回想此生，有多少日日夜夜是我们值得纪念与珍惜的。名利、财富、地位的确会给我们带来生活上的快乐，但那仅限于物质上的短暂快乐，只有精神上的快乐才是永恒的。

你能知足，就不会有贪心；不会有贪心，就是功德。你知足就常乐，不知足就常苦、常忧。若想要得到福报，脱离种种苦恼，就要懂得知足。

女人追求幸福首先要学会知足，世界本就不公平，莫要为那些遥不可及的东西牵绊而劳累一生。放开心情去感受生活的美好和生命的感动，快乐无处不在而最大的快乐就在身边。最重要的是要有一颗平常心、知足的心。

第23课

淡定从容，看庭前花开花落

从容是人生的一种修炼。用闲适的心去看路过的风景，去体味生活百态，你会发现原来生活也可以如此美丽，生命也能如此绚丽。

1. 人生得意也淡然

古人常说人生有四大值得得意的幸事：久旱逢甘雨，他乡遇故知，洞房花烛夜，金榜题名时。确实，我们的人生有很多得意的时候，比如说拥有高挑的身材、迷人的容貌，有一份高薪的工作，有一项旁人不及的艺术，有一个成熟稳重事业有成的丈夫……这些，都是可以让你得意万分的事物。强烈的满足感与固有的优越感，让你成为一个幸福满满的女人，但也让你的心跟着浮动起来。

曾几何时为了一些小小的荣耀，让一些女人狂奔与放逐，得到了满足，得意一时却让心底的欲望越加强烈。任何一次掌声与喝彩，都成为你值得炫耀的凭据。渐渐地，你开始觉得自己是那么重要，重要得觉得别人失去了你，就等于没有了主心骨，没有了依托，没有翻身之日。

如今80多岁的莉莉安妮·贝当古是化妆品巨头欧莱雅集团的第二代掌门人，她是名副其实的亿万富翁。可是她谨慎内敛，一直是媒体眼中的神秘人物。一位有名的摄影师说："在拍照时，她总是摆出很自然的姿态，却不会在镜头前停留很长时间。"

莉莉安妮身材高挑，气质优雅。她经常把头发绾在脑后，露出宽大的前额，向人们报以礼貌而略带羞涩的微笑。除了耳环，她一般不戴其他首饰。她总是将围巾甩在肩上，似乎想要隐藏某种脆弱。她是一位天生就能引起人们好感的女人，所有人都提到了她的慷慨。她于1987年建立了贝当古·舒埃勒基金会，其宗旨是为世界上不幸的人提供帮助。基金会帮助了许多人，但是莉莉安妮总是不愿意让别人知道，她既不会让记者对这方面的事情进行报道，也不愿意出席颁奖仪式，而她自己也很少提及。

她的朋友说："她是一个喜欢实干的人，而不喜欢张扬。"而莉莉安妮则说："个人的幸福不算什么，社会的美好才是大家真正的幸福。"

拥有丰厚资产的她，能平静地说出这样一番话，并且默默地去做，这样的一份淡然确实让人佩服。难怪无论是媒体还是百姓，在提到她的名字时总是充满了深深的敬意。世事无常，犹如海浪有起有落。大部分的人一逢得意，便踌躇满志，在欣喜昂然之余，往往会松弛心理防备。就这么一松弛，在命运、健康、事业上，便引发出不容忽视的败局。

一位 20 世纪 80 年代后期自费留学的女学生，在国内大学毕业，由于学业基础好，不出 3 年就获得了学位，被一家公司聘用，并与一位碧眼金发的外籍同学"喜结连理"。由此她得出了一个在美国书好读、事好谋、家好立的结论，顿时觉得人生得意，忘乎所以，腰板也直了，头也扬起来了，见到亲朋好友也不像过去那样热情了，象征性地点一点头，眼睛却看另一个方向，似乎在告诉他人：只有她才是最"得意"的人。

对于她这样"飘飘然"的人，他人只好"敬而远之"了。不到 3 年，由于她不再上进，学业荒废了，工作也越来越不适应，再加上美国经济不景气，公司面临破产，在裁员时她第一批"下岗"。丈夫不想承担过多的责任，离她而去。她又成了四处求职的"待业者"和"人走家也搬"的光棍。面对她意想不到的失业、离婚的事实，她心态又来了个 180 度的大转弯，从此怨天尤人，一蹶不振，走路也低下头了，见老熟人也不好意思搭话了，得意时的"威风"也不知跑到哪里去了。

第23课 淡定从容，看庭前花开花落

"非淡泊无以明志，非宁静无以致远。"淡然，就是淡泊一切名利，这是得意时最为重要的心态。人生旅途中的提升、晋级、受表彰奖励、成家、结婚等顺境都是正常的，在得意时应多想一想马寅初老先生的"得意淡然"的教诲，切不可忘乎所以，不可学唐人孟郊那种"春风得意马蹄疾，一日看尽长安花"的不可一世的骄横之态。

"得意时淡然，失意时坦然"正是杨澜的真实写照，面对成功她没有飘飘然不知所以，面对失败，她也没有沉浸在痛苦中无法自拔，这种笑对云卷云舒的气度或许正是在多年沉浮人生中历练出来的。二十几岁的女孩，大多都还没有经历过人生太多的大起大落，但是不管如何，我们都要始终秉持淡然处世的心态，相信这样的你面对世间种种时会变得更加淡定和从容。

2. 从容，以一种花开的姿态

有人这样说过："无论对任何人而言，忙乱不堪，没有定性，就意味着心理的某种失衡、虚弱和脆弱，也就意味着无论他走到哪里，整个世界都是一团糟。"淡定，是一种积极的生活态度，是"宠辱不惊，闲看庭前花开花落；去留无意，漫观天外云卷云舒"的从容，心若无波，一朵花便是一个世界，一株草便是一个天堂。而从容的本事绝非天生，而是经历了磨难与挫折历练而成。

真正强大的人不会被忙乱的琐事困扰，无论是错过了火车还是错过了飞机，无论下雨还是下雪，这些琐事都不会影响到他。他会一声不响地调整自己的状态，或者对不利的处境提出解决的办法，或者干脆不理它，转而去做重要的事情。他们的内心和谐、安宁、乐观和从容，他们虽背负很多事情，但能分清主次、有条不紊、从容自若地来应付。

佳宁喜欢到离家较远的那个报刊亭去买杂志，一来是为了锻炼身体，陪儿子闲逛，二来因为那间小屋收拾得很干净，还有一种淡淡的佳宁喜欢的空气清新剂的清香。每卖出一本杂志，女老板都会伏在桌子上用左手登记下来，她是一个左撇子，而且是一个美丽的左撇子。她的眉毛总是修得一丝不苟，她的头发很美，有时长发披肩，黑发如瀑布一般垂下来，有时在头顶盘一个发髻。衣服呢，搭配的相当得体，穿在她身上自有一种说不出的韵味。她们渐渐地熟了起来。

　　前两天，佳宁又去买书，远远地看见她穿着一条红色的吊带裙在清理书架上的杂志。露出白白的肩膀和一截后背，犹如一朵盛开的荷花，美丽而且清新。她转过身来看佳宁时佳宁惊呆了：佳宁以前一直没有发现，她的右臂没有手指，光秃秃的，手臂丑陋得有些狰狞。

　　她与佳宁的目光相对，笑了笑，说："你是不是觉得我的手臂很丑陋？其实这是早些年在车间上班时被机器轧断的。"虽然当时的佳宁很想掩饰自己脸上的惊诧，但还是被她捕捉到了。"有一段时间我也痛不欲生，后来也就习惯了。反正要活着，与其悲悲戚戚地活着，不如让自己尽可能活得美丽生动。"说起往事，她也显得轻描淡写，没有一丝不悦的神情，她的神情是那样的坦然，那样的毫无掩饰。"你美得像朵花一样。"佳宁由衷地说，"我只是不敢相信你竟然活得如此轻松从容，活得如此美丽自信。""是吗？为什么不可以这样活着呢？都说女人如花，女人活着，那就应该以一种花开的姿态。"

　　世界上有一种坚强表现在从容的生活里，顺境逆境，泰然坚守。一个人所处的环境无论是多么荒凉或不和谐，或者一个人的生活条件是多艰难，这都无关紧要。在每个人的体内都有着巨大的潜能，这使他能在每一次暴风雨和外在不利环境的重压下保持从容，做自己的主人，甚至达到了"不以物喜、不以己悲"的境界，这样，任何事物都无法影响他对天赐巨大潜能的开发和利用。

第 **23** 课　淡定从容，看庭前花开花落在纷繁复杂的社会生活和充满竞争与挑战的环境中，从容的心态，从容地应对，从容地交往，从容地处理各种事务，从容地协调各种关系，不但能够产生巨大的凝聚力、感召力，而且能够很好地检验一个人的品德、才华和心理品质。

逆境，抑或突如其来的变故与危困，都是一块鉴定一个人素质优劣、强弱的试金石。某公司总裁的用人之道别具一格，他往往在公司职员没有任何思想准备时，突然宣布对他们的降职命令。怨天尤人、灰心丧气者终被淘汰，而处变不惊、从容应对者最终备受青睐。从容是一种人生境界，也是一种生存智慧。女人只要掌握了这种智慧，幸福必然会伴随你左右。

3. 试着发现生活里的美

灰暗的小说，只会让大家与悲伤越贴越近，生活并不是小说里情节的翻版。不要总提醒着自己遇到的不幸，要知道在这个世界上有着很多人比你还不幸，只要能够抬头看到阳光就是幸运的，那些生活里的挫折比起一个人的人生它只不过是一个再小不过的插曲。

想在这个社会上立足，就要有平和的心态，得失让人或喜、或悲、或惊、或忧、或惧……唐代诗人罗隐一诗《蜂》中有："不论平地与山尖，无限风光尽被占。采得百花成蜜后，为谁辛苦为谁甜？"这一句让人感慨良多，其实是在告诉我们生活的美好就在身边，只是看不见。

有些女人整日愁眉苦脸，生活对于她来说就像一杯苦茶，放得越久，品尝起来越加苦涩。满心的烦恼与忧愁，让她觉得生活是暗无天日，就连阳光也变得刺眼而不温暖。她有的只是一颗孤独迷茫的心，世界上的一切仿佛与她扯不上关系，她觉得自己一无所有，有的只是满心哀愁。哪怕名利、财富、权势她一无所缺，但是她不幸福。

哲人说："生活中本不缺少美，缺少的是发现美的眼睛。"生活中的美充斥在各个角落，重要的是你要学会发现，学会欣赏，练就一种修养、一种品位去适时捕捉和欣赏生活中的美，为心灵开一扇窗，让智慧的光芒和生活中眩目多彩的美呈现在你眼前。

一个女人30多岁的时候被查出患了乳腺癌，刚刚做完切除手术后，她的丈夫就与她离了婚。她带着5岁的儿子生活，整天垂头丧气，泪流不止。

有一天，她站在镜子前，看到了一张面容憔悴，皮肤粗糙，眼圈发黑，眼神呆板而茫然的脸。她当时就吓了一跳，自己那张年轻、俊美的脸到哪里去了？她想日子总是要过的，与其在痛苦中挣扎不如快乐地过。

从此，她开始打扮自己，每天都神采奕奕地出门。她用业余时间搞文学创作，发表了许多文学作品，也收到大量的读者来信，她活得越来越充实。

她随身带了一面小镜子，无论走到哪里，有时间她就会拿出来照一照，不是检查自己的妆容，而是对着镜子练习微笑。她说这是她与周围人相处融洽的一个法宝，因为她常常对人们友善地微笑，人们也同样回报她以微笑。

从她的脸上，看不出一丝生活的悲苦，她的笑声里，不藏一点命运的不幸。没有悲叹，没有牢骚，没有抱怨。有的是对生活的积极乐观豁达从容，有的是绽放在脸上的明媚的笑容，有的是自内而外发散出来的人格馨香。

当你用消极的心去看待生活，生活给予你的就是一连串的失望，如果你披着阳光生活，就会发现生活其实并没有把你逼得走投无路，而且还在你身旁布满了惊喜。多一些乐观，少一点无奈；多一双善于发现美的眼睛，少一份对生活的抱怨，你就会被周围的美好事物紧紧包围住。

　　人的心灵在生活中开着多扇窗。打开透视丑恶的心灵之窗，看到的必然不会是美好。打开透视美好的心灵之窗，就会发现即使是别人看来不值一提、平常的事物原来都有美好、可爱之处。

　　很多时候，我们都把眼睛放在了垃圾上面，却忽视了垃圾上灿烂可人的鲜花。生活就是阻挡在平坦公路前的大山，如果大山的巍峨让你望而却步，你就永远看不到大山背后美丽的景致。只有翻过心中消极的这座大山，用积极的心态来迎接生活，你才会发现漫山遍野都是鲜花朵朵。

第24课
给幸福系个铃铛，经常摇一摇

在现实生活中，很多人毫无抵抗地随波逐流。事实上，在你满心疲惫的时候，不妨放慢脚步，去摇一摇曾经系挂的幸福铃铛，你会发现每天都是晴天。

1. 从大自然中找回自己

在生活的浪潮中，我们已经学会了毫无抵抗地随波逐流，在忙乱、嘈杂、急速的生活中变得麻木，无论是情感还是精神上，童年时那张纯真质朴的笑脸已经模糊，不再因发现雨天蚂蚁搬家而兴奋得手舞足蹈；也不再像中学时，深夜掌灯解答出一道应用题而舒心开怀，反而为了一份工作拼死拼活，抱怨婚姻的枯燥乏味，恼怒孩子学习倒退等，完全失去了过去的快乐与满怀憧憬的自我。

有些女孩想要重新找回那个失去的自己，却苦苦难以寻回，往往最终半途而废。事实上，大自然有着神奇的力量，它的包罗万象能对人的身心产生重大的影响，日落月升、花开花谢、四季更替、潮涨汐落等，大自然带给我们的一切，能让人的心胸更加宁静和开阔。大自然让我们找回自己的心，不管曾经在哪里迷失，不管迷失有多久，它都会帮你找回来。

最近一个月，因为工作压力的增大，赵爽越加感觉到身上的负担沉重。有位朋友得知后，专门在周六打来电话邀请她一起去爬山。本来想回绝之后继续睡觉的赵爽，却在朋友不愿其烦的劝说中爬了起来。

走在崎岖的山路上，赵爽看到哗哗的溪水在脚下流过。经受不住溪水的诱惑，赵爽竟然找了一处小潭水在那里玩了起来。聆听着山间的欢快的流水声，感受着山间吹来的小风，赵爽似乎明白了为什么陶渊明弃甲归田，寻找世外桃源，这其实就是生存的一种超然状态。

在潭水边，赵爽的朋友给她找了一块大石头让她坐上去感悟流淌的水："你看着哗哗流淌的水是不是一切压力和烦恼都没有了？水清激温柔但永不停息地流淌，所以能达到至高境界。滴水穿石、迂回流淌，没有障碍能阻止水的前进方向。其实，偶尔在周六日爬爬山，感受一下原始的自然风光，你会感到心灵得到了净化。"

此后，赵爽每当工作压力缠身，总会在周日抽出一点时间，去附近的公园看看风景，或者约朋友一起去郊外爬爬山。虽然是以爬山作为手段去锻炼身体，但是却让身心达到和谐和宁静，让自己一身的疲惫也顿时无影踪。

在大自然中，我们心境较平和，思绪较清晰，行为也较自在，因此回归大自然，其实也可以说是回归纯真、回归自我。大自然具有化腐朽为神奇的力量，

一些聪明的女人，无论遇到任何挫折或磨难，总会找一些赏心悦目的事来安慰自己。例如，到大自然中走一圈，观赏花鸟鱼虫，细品高山流水，那份自然总能够净化任何暗藏的"污垢"。

李佳蓉很庆幸自己是单身，因为她可以毫无牵挂地四处旅行。她喜欢徒步旅行，因为旅游景点人太多，而情侣往往占到一半以上，为了不触动了自己的感性神经，她会避开，去那些人烟稀少的地方。她喜欢去野外，放逐自己的身与心，和大自然亲密接触，因为这让她的心境变得平和许多。她总是自我陶醉在其中，她对自己的朋友说："每次出门徒步，远离尘嚣，都感觉像在和大自然谈恋爱一样。"

如果你尚未好好利用过大自然的神奇力量，请在旅行时找个时间单独与大自然相处，听听来自心底的声音，好好地与自己对谈一番。当你更清醒地认识自己，心底的莫名恐慌感就会渐渐退去，取而代之的，将是前所未有的自在。

去感受一下大自然的气息，大自然的美丽与清新会让你的心灵得

到释放。想象一下你在大自然中尽情地奔驰，清晨的雨露沾湿你的衣裳，芳草的清香填满你的心田，浓浓的密叶和穿透缝隙洒下的阳光……这一切都是那么美好。同样，维持你自身的美好，不要再被那些疯狂的发泄方式而丢失自身的美感，你就会像这大自然一样，令人陶醉。

2. 音乐是对心灵最好的滋养

音乐这种古老而又现代的艺术形式，对人的心灵放松和气质修养都有着无法言喻的精妙之处。音乐处处可闻，不需要花费心思去寻找，也不需要多么奢侈的消费，它是最朴素的精神享受，同时也是心灵最好的滋补品。

音乐是滋养心灵的盛宴，可以陶冶情操、净化心灵。现代都市人久居闹市，在追求享受美好生活的同时，不仅要注重自己的身体健康，更要注重自己的心理健康。

快节奏的生活、过重的工作压力使我们会有这样或那样的不舒服，可能是一时的心烦气躁，可能会经常感到疲劳……而这往往不是由单一的身体不适引起的，心理的疲劳也会造成我们身体处于亚健康状态，而音乐便是缓解压力、营造美好心灵的一方良剂。音乐无形的力量远超乎我们的想象，聆听音乐、享受音乐，是现代人必须的生活调剂。

"只是因为在人群中多看了你一眼，再也没能忘掉你的容颜。梦想着偶然能有一天再相见，从此我开始孤单思念。想你时你在天边，想你时你在眼前，想你时你在脑海，想你时你在心田……"简洁的歌词、优美的曲调、柔美的声音在寂静的夜空响彻云霄，穿透夜空的悠远，抖落千里的空旷。在心间，浅浅的很温暖；在脑海，远远的很空灵。

很多人喜欢王菲，是因为她的声音很空灵，她天籁般的声音演绎的不只是一首歌，还是一生不能忘怀的思念。她总是安安静静地站在舞台上用心歌唱，全身心沉浸在每一个音符中。她从来不会哗众取宠，不会向台下的观众索要掌声，她在属于自己的舞台上，用眼睛、用嘴、用心、用每一个细胞把每一个音符诠释得炉火纯青。

于是有人说，听王菲的歌会让自己纷杂的心情被沉淀得干干净净，那被牵扯的记忆踏着歌声的翅膀渐行渐远。关于荣誉、名利、金钱……突然变得无足轻重，原来那些纠结在心头的愤懑、鄙夷组成的城堡，瞬间坍塌了。还有人说，做女人当如王菲，保持一份淡定，留一个舞台给心灵，让灵魂在属于自己的天空里静静地演绎一份完美和优雅；做人当如王菲，看庭前花开花落宠辱不惊，望天上云卷云舒去留无意，在纷纷扰扰中保持一份清醒，保持一份坦然。

在流行音乐当道的今天，像王菲这样带给我们净化心灵音乐的歌手数不胜数，怀着不一样的心情去听不一样的歌手轻声吟唱，最终的结果却如出一辙，那就是我们的心情都会在优美的旋律中渐渐宁静和明朗。

音乐给女人以憧憬、幻想、回忆。音乐的暗示就是给女人生命的暗示。丝丝缕缕，缕缕丝丝，多少音符如潺潺的溪流，如春野的鸟，在低低诉说女人情怀。音乐像一支神奇的画笔，为你展开一幅天然的画卷，音乐像一双无形的手，为你抚去满心的疲惫。

听音乐养心时，请放飞紧张的情绪，远离喧嚣的都市，在修养身心时获得全新能量，重新激发生活的热望。面对紧张的工作压力，有什么比聆听音乐更让人感到轻松愉悦的呢？抛开一切烦恼吧！放下手中烦琐的工作，闭上眼睛细细欣赏，让心灵好好享受一次音乐SPA，静静享受音乐带给我们的美妙时光……

第24课 给幸福系个铃铛，经常摇一摇

3. 幸福，来自对生活细节的关注

从生活的一些细节中，常常发现一些大人洗手只是随意冲冲，但是孩子每次都是认真涂好肥皂，搓手心、手背、手指头。每当问起，孩子都会稚嫩地说道："因为老师说，这样洗手最健康。"孩子常常还会做起军师，监督家人洗手的过程，并要求他们搓手的时候一定要关上水龙头。

孩子和大人关注世界的方式不一样，但是他们总会认真对待自己的生活中的每个小细节，观察别人的行为，这样才慢慢学会了爬、站立、走路，学会了生活技能。而很多大人对待自己生活疏忽，丢三落四，更不用说去发现生活中蕴涵的美丽。我们应该像孩子一样，用关注的目光注视世界和自己的生活。

的确如此，我们常说细节决定成败，而在生活中，小小的细节也决定着一个人能否感知到幸福，以及对生活的态度。珍惜细节、做好细节，是幸福生活的必要条件。幸福的女人，无非就是比别的女人多懂得一些细节罢了。

一对在外人眼里甚为完美的婚姻悄无声息地解体了。好奇的人们一会儿猜测可能是漂亮的女人红杏出墙，一会儿又猜测可能是事业有成的男人有了外遇，可事实却出乎人们的意料：两个人都说其实是在婚姻里伤透了心。

她抱怨说，身体不舒服的时候让他多做点家务，他总是拿着报纸充耳不闻；他控诉道，那次帮人搞策划得了些报酬之后与她分享喜讯，她却撇撇嘴说："那么点钱就让你不知道自己姓啥啦？"

她满腹委屈，说上了夜班回家又累又饿，厨房里却是冷锅冷灶，问他，谁知道人家早在饭店里解决啦；他也一肚子怨气，说那一阵儿胃疼想吃点稀饭，以为她听了第二天便会熬点粥，可一个星期过去了也没见粥影。

凡此种种，两个人数落了一大堆对方让自己伤心的"罪行"，可数过来数过去，桩桩件件都是不起眼的小事，偏偏他们就为这些鸡毛蒜皮之事离了婚。

其实，婚姻就是实实在在的生活，夫妻通过生活中的种种细节来体现爱、表达爱。鸡毛蒜皮之事虽小，却如针尖一样，刺在身上也会疼。有时候我们也会自省，觉得这件事处理得不对，那句话说得有些过分，但是我们会想："没关系，都是小事！"然而，生活就是由这样的小事、这样的细节堆积而成的。很可能用不了多长时间，小问题已经堆积成山了，我们无意间的话和行为已经深深地伤透了对方的心，想挽回却无力回天了。

生活中，我们常常会忽略很多东西，可能是因为忙碌，可能是因为自己粗心大意，但是有些东西是可以挽回的，有些却回天乏术，所以，我们要时时刻刻留心生活中的每一个小细节，因为幸福正是来源于这些平淡无奇的细节，它每天都潜行在我们的周围，悄无声息，它可能是水中在两个鹅卵石间摇曳的鱼的尾巴，有可能是树上在叶子和叶子间缓缓爬行的昆虫的触角。如果二十几岁的你想要获得更多的幸福，那么就从生活中的小细节开始做起吧！

4. 保持一点童心，去感受幸福

一个女人有健康的内心才可算是健康、健全的人，这既不是知识的层面，也不是相貌的层面，正所谓相由心生。

而最健康的心态应该是保持一颗童心，它能让你一尘不染，让你永远光彩熠熠，也能让你稀释烦恼。现在的我们每天都在高喊压力太大，实际上，减压的方法有很多，比如重温小时候喜欢的动画片，或者蹲下来和孩子聊聊天，都是不错的方法。一个人能拥有一颗童真的心态，是一种生命的幸运与豁达的可爱之举，不是所有人都能拥有这份情怀！

一个人在尘世间经历久了，心灵不可避免就会染上尘埃，让我们原本纯净的心灵受到污染和蒙蔽。此时的我们如果能让自己经常维持像孩子般纯洁的心灵，用乐观的心情做事，用善良的心肠待人，不自私，不猜疑，光明磊落，勇往直前，这样的人生一定比别人快乐得多。

梁倩经常跟别人分享儿子讲的一个笑话。

"妈妈，为什么兔子的耳朵那么长，松鼠的尾巴那么大呢?"儿子问。

"我怎么知道?"

"因为小兔子要用耳朵穿耳洞。小松鼠要靠尾巴当伞，下雨时才不会淋湿。"

"小鬼，哪里听到的这些答案?"

"我自己编的，嘻嘻!"

梁倩的大儿子经常在吃饭前给大家讲笑话，一家人在一起的时候总是充满了笑声。这种童心让梁倩受益无穷。她喜欢和孩子一起看卡通书和卡通片，能培养和强化幽默感。

一个人最快乐的时候是小时候，无忧无虑，一片天真，是人生难得的一段美好时光。其实，童年快乐的原因并非因为遇不到难过的事情，也并非因为那时一定未受过亏待，主要的是因为童年时遇事不去多想，一瞬间就会把痛苦忘记，而去想些快乐的事情了。这是小孩子经常快乐的最大原因。如果我们也能使自己不斤斤计较，能及时把痛苦放开，积极地朝前看，不记恨，不自怜，心情一定能够维持开朗与轻松。

生活有一部分是需要严肃认真、一丝不苟；另外也应该有一部分是轻松的、洒脱的。有痛苦也可以一笑放开，有捻也可以随他去，贫困也不抱怨，受了委屈也不记恨，保留孩子时期的天真无邪的心情，即可了悟。人生原是很简单的事，快乐也并不难求得。一切都只因我们平时太苛刻，太小气量了，才会有很多痛苦。

其实每个人都怀有不同程度的童心，只是平时各种"枷锁"让我们紧绷着脸，故作正经，不能随心所欲。拥有一颗童心，便拥有了一双重新审视生活的眼睛，拥有了一份纯真的快乐，拥有一颗闪亮的永不服输的精神依托。

孩子的心是纯真无瑕的，是天真可爱的。一个童心未泯的人，才是感悟生活真谛的人。只要拥有童心，你就会用积极的心态面对人生，面对生活中的每一次失败和挫折，就会发现这个世界到处充满了爱。也许我们不再拥有天真烂漫的童年，但一定要保持那颗童心，只有保持一颗童心的人，才拥有真正意义上的幸福人生。

5. 慢下来，别让幸福擦肩而过

忙忙碌碌，生活的压力使我们像机械一样来回周转，甚至有时会忘记自己还是血肉之躯，或者多么希望自己是一台复印机，复制出千千万万个自己，加快速度。的确，现在什么都讲求速度，慢一秒，你很可能就失去了先机。当走在去公司的路上，一个一个的人从你身边飞速走过，无人顾暇路边的风景，你突然觉得自己的缓慢与周围格格不入，竞争的压力让你不得不随着他们的步伐变快。久而久之，你也不再欣赏路边的风景，变得麻木而紧凑。

其实，我们不必只做大环境高速度的受害者，也不必因为别人的快捷或催促而加快节奏。我们完全可以在一个高度发达的科技社会中放慢步调，以放松的节奏完成大量的事情。

我们经常听到周围的人说"忙死了"，忙到没有时间回家看看父母，忙到无暇顾及年幼的孩子，忙到没有时间恋爱。

董丽杨在一家大型外企工作5年之久，从创意助理做起，一直做到著名设计公司的部门经理。许多同事是既美慕又忌妒。然而她却一点也不高兴，因为她发现，自己的激情正渐渐地被每天高强度的脑力劳动扼杀掉。

董丽杨常常失眠，只要一闭上眼睛，她脑子里翻来覆去的都是那些设计创意，做梦也有一半是在和同事谈论一个广告或者海报的创意思路。在最忙的时候，董丽杨甚至推掉了工作之外的所有朋友的联系。工作多的时候，她把每个策划案的最后期限都用红笔在日程簿上勾画出来，每天时刻看着那个红圈就焦虑得不得了。

直到有一天，董丽杨偶然一瞥看见了楼下的一个广告牌，才猛然从忙碌的状态中惊醒。那是董丽杨全权负责的大型海报牌，虽然挂了好几个月，可是因为每天都匆匆而过，董丽杨从来都没有仔细地看一眼。董丽杨那一瞬她想起了自己年轻的时候刚刚入行，觉得自己最大的快乐就是站在自己设计的作品前，慢慢体会那种成就感。

央视著名主持人白岩松在新书《幸福了吗》的首发式上，说："慢下来，扔掉一些东西，多去感受生命，我现在正大踏步地向宅男的方向发展。有时候我就是在家待着，待着的时候你离世界很近，离生命也很近。"

在书中，他写道："对于生命，写诗比签合同重要。随着年岁的增长，幸福在减少。幸福究竟是什么？快乐可以是五秒钟，但幸福一定是一个能持续很长时间的东西，内心平静，每天渴望早起，看到阳光灿烂就会会心微笑，从你脸上的表情可以看得出来，周围的人也会受到感染。这时代快得可怕，现在的一年四季，你是通过天气预报感知到的还是亲身感受到的？我小时候会感到雪软了、树芽绿了、开河了，现在却只能通过天气预报的数字感受。还有，可以扔掉一些东西，你得看明白，比如有些饭局没有你照样热闹进行。"

近年来，从英国刮起了"慢活"风。慢活运动劝导人们放慢生活节奏，让精神和身心都得到放松，"慢活族"提倡慢工作、慢运动、慢阅读。慢活并不是蜗牛化，而是追求平衡，该快则快，能慢则慢。放慢速度，关注心灵成长，动手劳动，注意环保。做个慢活族首先要关掉手机，关上电视，空闲的时间可以做很多事哦，不过要做有意义的事。步行上下班，改掉性急的毛病，远离喧嚣的人群，同时也有益健康。

慢活并不是将每件事蜗牛化，而是希望活在一个更美好的世界。它是一种平衡，该快则快，能慢则慢。于丹在《游园惊梦》一书中曾说："现在睡觉已经不是为了做梦，而只是为了休息。"可是，我们黑色的夜晚没有五颜六色的梦，我们明亮的白天没有发呆悠闲的走神，我们的人生怎么能开心呢？春色满园，如果不是一场惊心动魄的春梦，杜丽娘和柳梦梅又如何能谱出一段佳话呢。有时候，人只有慢下来，才能享受沿途的风景，从容地放开自己的内心。

我们都应该让生活的脚步慢下来，让生活更加从容，用更多的时间和自由慢下来欣赏生活的乐趣，发现生活中的美，重拾被生活和岁月磨掉的情致。年轻时理应去奋斗、去拼搏，实现自己的理想，但是在打拼的日子里不能失去对生活的热爱，不能放弃寻找快乐，不能丢失内心的充实。放下手中的一切，给自己放个假，给心灵放个假，去感受一下真正的生活！

第 **24** 课 给幸福系个铃铛，经常摇一摇